跨平台
数据库应用技术

研究与实践

吴志霞 陈 平 ◎著

Research and Practice of
Cross-platform
Database Application Technologies

北京师范大学出版集团
安徽大学出版社

图书在版编目(CIP)数据

跨平台数据库应用技术研究与实践/吴志霞,陈平著.—合肥:安徽大学出版社,2019.12
ISBN 978-7-5664-1936-1

Ⅰ.①跨… Ⅱ.①吴… ②陈… Ⅲ.①关系数据库系统—研究 Ⅳ.①TP311.132.3

中国版本图书馆 CIP 数据核字(2019)第 222827 号

跨平台数据库应用技术研究与实践

吴志霞 陈 平 著

出版发行:	北京师范大学出版集团
	安 徽 大 学 出 版 社
	(安徽省合肥市肥西路 3 号 邮编 230039)
	www.bnupg.com.cn
	www.ahupress.com.cn
印　　刷:	合肥现代印务有限公司
经　　销:	全国新华书店
开　　本:	170mm×240mm
印　　张:	20.75
字　　数:	372 千字
版　　次:	2019 年 12 月第 1 版
印　　次:	2019 年 12 月第 1 次印刷
定　　价:	72.00 元

ISBN 978-7-5664-1936-1

策划编辑:刘中飞　宋　夏	装帧设计:李伯骥　孟献辉
责任编辑:张明举　宋　夏	美术编辑:李　军
责任印制:赵明炎	

版权所有　侵权必究

反盗版、侵权举报电话:0551-65106311
外埠邮购电话:0551-65107716
本书如有印装质量问题,请与印制管理部联系调换。
印制管理部电话:0551-65106311

前　言

一、研究背景

随着计算机科学的发展，数据库技术已经成为网络的核心技术。从基于桌面版的 C/S 模式软件开发结构的数据库应用系统，到基于 B/S 模式软件开发结构的 Web 数据库应用软件，再到 C/S + B/S 混合模式面向移动应用 APP，都体现数据库技术的广泛应用和多平台开发技术的快速发展。数据库应用技术已影响到各个行业，行业公司希望获得具有本行业特色的定制式数据库应用系统，有志于从事 IT 软件研发的年轻人希望能够系统深入地学习并掌握相关领域的编程技术，从事数据库应用技术教学及研究的专家希望有可追溯、可比对的技术案例作为参考。

二、研究的目的及意义

本书通过研究一套集群式项目来介绍跨平台数据库应用技术的应用与实践，并通过应用程序的设计、开发与实现，论述实践的技术技巧，全面展现技术实践经验的精髓，既是对不同软件体系结构、不同平台的数据应用系统开发的归类整理，也是基于 Java 语言应用开发的技术集成论述。

作者从事数据库技术、Java Web 开发技术、移动应用开发技术的教学及研究工作十多年，积累完善了不少有效、实用且操作性强的应用实例，参与了部分公司的工程研发合作项目，积累了一定的行业软件研发经验，为本书的完成提供了理论和技术保障。

作者将多年的教学积累和对跨平台数据库应用技术的研究与实践的理解呈现在本书中，努力将案例的思路和编程的技巧清晰地展示出来，希望读者能从中得到实用的技术解答并获得自己的开发灵感。

三、研究的内容

本书中集群式项目的研究分成 4 个阶段。

第 1 阶段，完成桌面版产品管理系统开发，涉及单表、关联关系表的常用业务功能、JDBC 数据库编程技术和 5 层架构的 MVC 分层设计模式实现。

第 2 阶段，完成 Web 版产品管理系统开发，整个应用平台由 C/S 模式改为 B/S 模式，考虑到数据访问效率提升及代码量精简等因素，采用 C3P0 开源数据库连接池及 DBUtils 工具类库简化 JDBC 编码，遵循 5 层架构的 MVC 分层设计模式，运用 JSP + Servlet + JavaBean 技术实现系统开发。

第 3 阶段，从可维护和可扩展的角度出发，采用轻量级 Java EE（Java 企业级）应用开发方式对 Web 版产品管理系统进行改进，用 Spring + SpringMVC + MyBatis 组合框架技术实现后台开发，借助 JQuery EasyUI 创建互动前端界面，采用 JSON 格式的数据进行前后台的交互。

第 4 阶段，实现一个 Android 版的产品 APP 开发，该 APP 运用 Volley 获取网络 JSON 数据，解析并展示数据，涉及 Native APP 模式的移动应用开发技术的研究与应用。

每个阶段均以开发与实现为主线，从系统功能介绍、系统架构设计、文件组织结构、数据库设计、系统环境搭建、各个模块的详细实现等方面逐步深入地展开论述。

四、本书特色

1. 市场上存在对每个阶段研究的案例书籍，但能体现跨平台数据库技术应用的发展历程，并提供可比、可追溯的集群式项目的书籍并不多见。

2. 本书提供了 3 个不同平台的 4 种实现模式，用同一个数据库贯穿始终，内容循序渐进，设计及代码可以单独查看，也可以进行对比分析。通过对数据库技术在桌面、Web、移动平台 3 个领域的应用进行分类整理，设计一条或多条技术主线把相关技术内容串起来,明确3个领域涉及的相关技术以及这些技术的作用、优势和缺陷,对数据库应用技术的多平台开发提供多种思路和参考。

3. 本书项目主要采用Java语言实现,涉及Java SE、Java Web开发技术、Java EE开发框架、Android移动应用开发技术,涵盖了4个知识体系。

4. 本书针对数据库应用系统通识性业务功能,提供不同平台的设计及实现方案,为读者平台选型提供可比性参考。

五、资金支持及撰写情况

本书是安徽省自然科学基金项目"基于Android与Web双模式教学推送平台的研究"(KJ2015A386)、安徽高校自然科学研究项目"UI自适应的Android软件自动化功能测试和交互测试研究"(KJ2016SD56)、安徽省高等学校省级质量工程项目"安徽省高等学校质量工程高水平高职专业——软件技术专业建设项目"(2018ylzy160)和校级自然科学重点研究项目"基于Vue.js&SSM的跨平台校园系统关键技术的研究"(2019xjzdky10)的阶段性研究成果之一,由安徽省自然科学基金项目(KJ2015A386)和安徽高校自然科学研究项目(KJ2016SD56)资助出版,由陈平撰写第1章和第5章,由吴志霞撰写第2、3、4章。

六、读者定位

阅读本书的读者要求具备Java面向对象编程语言的知识和经验,以及面向对象的基础知识及基本的统一建模语言知识。本书可作为数据库应用研究领域的高校教师、技术专家和软件技术开发人员的参考书,也可作为高等院校相关专业高年级学生的项目实践工具书。

七、致谢

感谢宋建华先生对本书的技术阅读和指导。在本书的撰写过程中,他提出了许多宝贵的建议,让本书的内容在有限的时间内不断得到优化提升,也弥补了一些作者思考的不足之处。

由于作者水平有限,书中错漏和不妥之处在所难免,敬请读者斧正并诚盼互动交流。

作　者

2019年7月

目 录

集群式项目思维导图 …………………… I

第1章　绪　论 ………………… 1

1.1　数据库概述 ………………… 2

  1.1.1　数据、数据库、数据库管理系统、数据库应用系统 ……………… 2

  1.1.2　数据模型 ……………………… 2

  1.1.3　SQL语言 …………………… 6

  1.1.4　数据访问接口 ………………… 6

  1.1.5　常见的数据库产品 …………… 6

1.2　数据库应用系统软件体系结构 …… 8

  1.2.1　C/S模式 ……………………… 8

  1.2.2　B/S模式 ……………………… 8

  1.2.3　B/S与C/S的区别 …………… 9

1.3　数据交换格式 ………………… 9

  1.3.1　XML …………………………… 10

  1.3.2　JSON ………………………… 10

  1.3.3　JSON与XML的区别 ……… 11

1.4　面向对象的软件开发方法 ………… 12

I

1.5 集群式项目 ·· 12
1.5.1 集群式项目概述 ······································ 12
1.5.2 集群式项目对象模型 ·································· 13
1.6 相关开发思想及实现技术 ······································ 15
1.6.1 MVC 思想 ·· 15
1.6.2 Java 语言 ·· 15
1.6.3 Java Web 开发技术 ···································· 16
1.6.4 Java EE 开发框架 ···································· 17
1.6.5 移动应用开发技术 ···································· 19
1.7 本章小结 ·· 19

第 2 章 桌面版产品管理系统 ·· 20
2.1 SQL 语言与 JDBC ·· 20
2.1.1 SQL 语言 ·· 20
2.1.2 JDBC 基本概念 ·· 23
2.1.3 JDBC 编程 ·· 23
2.1.4 JDBC 程序详解 ·· 26
2.2 产品管理系统概述 ·· 29
2.2.1 系统功能介绍 ·· 29
2.2.2 系统架构设计 ·· 30
2.2.3 文件组织结构 ·· 31
2.2.4 系统开发及运行环境 ·································· 31
2.3 数据库设计 ·· 32
2.4 系统环境搭建 ·· 33
2.4.1 创建数据库表 ·· 33
2.4.2 准备所需的 JAR 包 ···································· 33
2.4.3 准备项目环境 ·· 33
2.5 欢迎窗体实现 ·· 35
2.6 产品类别管理模块 ·· 37
2.6.1 产品类别列显 ·· 39
2.6.2 添加产品类别 ·· 46
2.6.3 修改产品类别 ·· 53

  2.6.4 删除产品类别 ·············· 62
2.7 产品管理模块 ·············· 67
  2.7.1 查询产品 ·············· 67
  2.7.2 添加产品 ·············· 81
  2.7.3 修改产品 ·············· 93
  2.7.4 删除产品 ·············· 109
2.8 本章小结 ·············· 112

第3章 Web版产品管理系统（JSP + Servlet + JavaBean） ·············· 113

3.1 HTTP及状态码 ·············· 113
  3.1.1 HTTP协议 ·············· 113
  3.1.2 HTTP请求响应模型 ·············· 114
  3.1.3 HTTP消息 ·············· 114
  3.1.4 HTTP状态码 ·············· 116
3.2 JSP开发Web的几种方式 ·············· 117
  3.2.1 纯粹JSP技术实现方式 ·············· 117
  3.2.2 JSP + JavaBean技术实现方式 ·············· 117
  3.2.3 JSP + Servlet + JavaBean技术实现方式 ·············· 117
3.3 系统概述 ·············· 118
  3.3.1 系统功能介绍 ·············· 118
  3.3.2 系统架构设计 ·············· 118
  3.3.3 页面框架 ·············· 119
  3.3.4 文件组织结构 ·············· 120
  3.3.5 系统开发及运行环境 ·············· 121
3.4 数据库设计 ·············· 122
3.5 系统环境搭建 ·············· 123
  3.5.1 创建数据库 ·············· 123
  3.5.2 准备所需的JAR包 ·············· 123
  3.5.3 准备项目环境 ·············· 123
3.6 用户登录模块 ·············· 126
  3.6.1 用户登录 ·············· 126
  3.6.2 登录验证 ·············· 131

3.7 框架页面模块 …………………………………………………… 133
3.8 产品类别管理模块 ………………………………………………… 135
 3.8.1 产品类别列显 …………………………………………… 135
 3.8.2 添加产品类别 …………………………………………… 149
 3.8.3 编辑产品类别 …………………………………………… 153
 3.8.4 删除产品类别 …………………………………………… 160
3.9 产品管理模块 ……………………………………………………… 165
 3.9.1 查询产品 ………………………………………………… 165
 3.9.2 添加产品 ………………………………………………… 182
 3.9.3 修改产品 ………………………………………………… 191
 3.9.4 删除产品 ………………………………………………… 203
3.10 本章小结 ………………………………………………………… 206

第4章 Web版产品管理系统(Spring + SpringMVC + MyBatis) … 208

4.1 系统概述 …………………………………………………………… 208
 4.1.1 系统功能介绍 …………………………………………… 208
 4.1.2 系统架构设计 …………………………………………… 209
 4.1.3 文件组织结构 …………………………………………… 210
 4.1.4 系统开发及运行环境 …………………………………… 211
4.2 数据库设计 ………………………………………………………… 211
4.3 系统环境搭建 ……………………………………………………… 212
 4.3.1 准备所需的JAR包 ……………………………………… 212
 4.3.2 准备项目环境 …………………………………………… 214
4.4 用户登录模块 ……………………………………………………… 222
 4.4.1 用户登录 ………………………………………………… 222
 4.4.2 登录验证 ………………………………………………… 231
 4.4.3 退出登录 ………………………………………………… 233
4.5 产品管理模块 ……………………………………………………… 237
 4.5.1 查询产品 ………………………………………………… 237
 4.5.2 添加产品 ………………………………………………… 256
 4.5.3 删除产品 ………………………………………………… 267
4.6 本章小结 …………………………………………………………… 271

第5章　Android 移动版产品 APP ·············· 272

5.1　系统概述 ·············· 272
5.1.1　系统功能介绍 ·············· 272
5.1.2　系统拓扑图 ·············· 273
5.1.3　文件组织结构 ·············· 273
5.1.4　系统开发及运行环境 ·············· 274

5.2　数据库设计 ·············· 274

5.3　系统环境搭建 ·············· 275
5.3.1　准备后台服务系统开放的 API 接口协议 ·············· 275
5.3.2　准备所需的 JAR 包 ·············· 277
5.3.3　准备项目环境 ·············· 277

5.4　用户登录模块 ·············· 283

5.5　产品模块 ·············· 297
5.5.1　产品列显 ·············· 297
5.5.2　添加收藏夹 ·············· 305

5.6　收藏夹模块 ·············· 306
5.6.1　收藏夹列显 ·············· 306
5.6.2　收藏夹移除 ·············· 312

5.7　本章小结 ·············· 313

参考文献 ·············· 315

集群式项目思维导图

1. 产品管理系统总思维导图

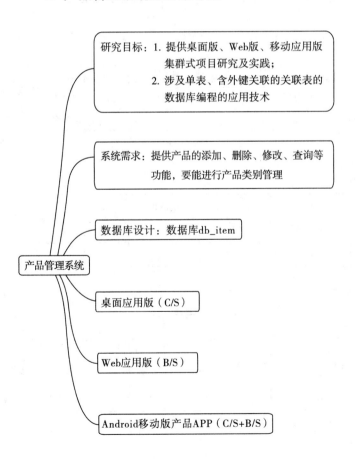

2. 数据库设计:数据库 db_item

(1)系统用户表(user)

字段名	数据类型	是否为空	是否主键	默认值	描述
id	int(4)	Not Null	PK		id(自动跳号)
username	varchar(50)	Not Null			用户名
password	varchar(50)	Not Null			密码
gender	varchar(2)	Not Null			性别
email	varchar(50)	Not Null			邮箱
telephone	varchar(50)	Not Null			电话
role	varchar(5)	Not Null		普通用户	角色("管理员"或"普通用户")

(2)产品类别表(itemCategory)

字段名	数据类型	是否为空	是否主键	默认值	描述
cid	int(4)	Not Null	PK		id(自动跳号)
cateName	varchar(20)	Not Null			类别名称

(3)产品信息表(item)

字段名	数据类型	是否为空	是否主键	默认值	描述
id	int(4)	Not Null	PK		id(自动跳号)
name	varchar(40)	Not Null			产品名称
price	double	Not Null			定价
cid	int(4)	Not Null			类别
pnum	int(11)	Not Null		0	库存量
imgurl	varchar(100)				图片位置
description	varchar(255)	Not Null			描述
createtime	datatime	Not Null			生成日期

3. 集群式项目功能结构子图1　桌面应用版思维导图

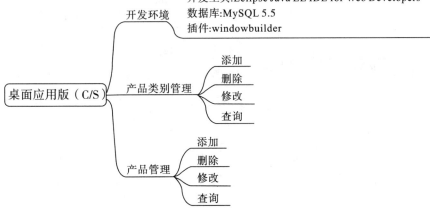

4. 集群式项目功能结构子图2　Web应用版思维导图

5. 集群式项目功能结构子图3　Android 移动版思维导图

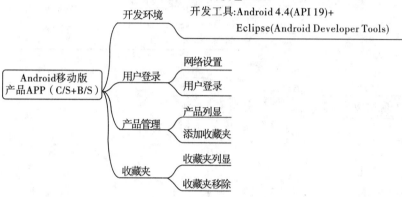

第 1 章
绪　论

　　虽然软件技术的发展日新月异,平台存在多样性,但软件开发的流程基本稳定不变,包括需求分析、设计和实现阶段,按照一定的规则,创建数据模型和对象模型,进行技术选型并实现。本书结合跨平台数据库应用技术的应用与实践,按照 C/S、B/S、C/S+B/S 混合三种软件体系结构,整合出一套集群式项目,既是对不同软件体系结构、不同平台的数据库应用系统的开发的归类整理,也是基于 Java 面向对象程序设计语言进行软件开发的集成论述。通过提供设计、开发与实现,论述实践的技术技巧,给数据库应用技术的相关研究提供参考。

　　本章依次介绍数据库基础知识和数据模型的建模过程,为集群式项目的数据库设计奠定基础;分析目前存在的软件体系结构及各自的特点;阐明跨平台数据选定 JSON 为数据交换格式的比对依据;介绍集群式项目,明确面向对象软件开发方法,借助用例图、类图、时序图进行对象模型建模;最后综述本书要涉及的开发思想与开发技术。

1.1 数据库概述

1.1.1 数据、数据库、数据库管理系统、数据库应用系统

1. 数据(Data)

描述事物的符号记录称为数据。数据与其语义是不可分的,其种类有数字、文字、图形、图像、声音、正文等。

2. 数据库(Database,DB)

所谓"数据库"是以一定方式存储在一起、能与多个用户共享、具有尽可能小的冗余度、与应用程序彼此独立的数据集合。

3. 数据库管理系统(Database Management System,DBMS)

数据库管理系统是为管理数据库而设计的电脑软件系统,一般具有存储、截取、安全保障、备份等基础功能。数据库管理系统可以依据它所支持的数据库模型进行分类,如关系式、XML;可以依据其所用的查询语言进行分类,如SQL、XQuery;也可以从其他角度进行分类。按是否是关系数据库模型来划分,数据库管理系统可分为以下两类:

(1)关系型数据库。关系型数据库有:MySQL、PostgreSQL、Microsoft Access、Microsoft SQL Server、Google Fusion Tables、FileMaker、Oracle、Sybase、dBASE、Clipper、FoxPro、foshub等。

(2)非关系型数据库。非关系型数据库有:BigTable、Cassandra、MongoDB、CouchDB、Apache Cassandra、Dynamo、LevelDB等。

4. 数据库应用系统(Database Application System,DBAS)

数据库应用系统是在数据库管理系统(DBMS)支持下建立的计算机应用系统,一般由数据库、数据库管理系统、应用系统、数据库管理员构成,例如,以数据库为基础的财务管理系统、人事管理系统、图书管理系统等等。无论是面向内部业务和管理的管理信息系统,还是面向外部,提供信息服务的开放式信息系统,从实现技术角度而言,都是以数据库为基础和核心的计算机应用系统。

1.1.2 数据模型

数据模型是描述数据、数据联系、数据定义等概念工具的集合,是数据库结构的基础。与数据模型相对应,常用的数据库模型有概念模型、层次模型、

网状模型、关系模型和面向对象模型。其中,关系模型是使用最多的存储模型,建立在关系模型基础上的数据库称为关系数据库。本书采用的 MySQL 是一个关系数据库管理系统,在其上创建的数据库就是一个关系数据库。

1. 数据建模

数据建模是指对现实世界的各类数据进行抽象组织,确定数据库需要管辖的范围、数据的组织形式等直至形成现实的数据库。

数据建模大致分为 3 个阶段,分别是概念建模阶段、逻辑建模阶段和物理建模阶段,相应的产物分别是概念模型、逻辑模型和物理模型,如图 1-1 所示[①]。

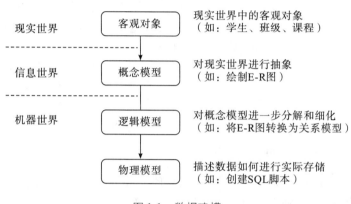

图 1-1　数据建模

2. 概念模型

概念模型将现实世界中的客观对象抽象成信息世界的数据。信息世界涉及的概念主要有:

(1)实体(Entity)。实体是指客观存在且可以相互区别的事物。

(2)属性(Attribute)。实体有很多特性,每一个特性称为属性。

(3)联系(Relationship)。概念模型中的联系指实体与实体之间存在的联系,有一对一、一对多和多对多三种联系。

3. E-R 图

E-R 图是概念模型的一种表示方法,也称实体—联系图(Entity Relationship Diagram),提供了表示实体类型、属性和联系的方法,用来描述现

---

① 黑马程序员.MySQL数据库原理、设计与应用[M].北京:清华大学出版社,2019:6.

实世界的概念模型。

在 E-R 图中,用"矩形框"表示实体,框内写明实体名称;用"椭圆图框"或"圆角矩形"表示实体的属性,用"实心线段"将其与相应关系的"实体"连接起来;用"菱形框"表示实体之间的联系,在菱形框内写明联系名,并用"实心线段"分别与有关实体连接起来,同时在"实心线段"旁标上联系的类型（1:1,1:N 或 $M:N$）。例如,产品类别与产品的 E-R 图如图 1-2 所示。

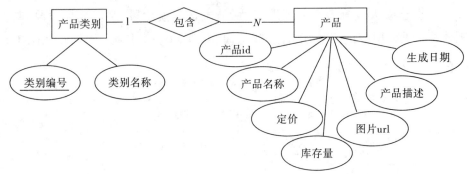

图 1-2　产品类别与产品 E-R 图

绘制 E-R 图的过程如下:

①确定实体。②确定联系。③把实体和联系组成 E-R 图。④确定实体和联系的属性。⑤确定实体的键,在属于键的属性名下划一横线。

4. 逻辑模型

在逻辑建模阶段,将 E-R 图转换成 DBMS 支持的数据模型(在本书中指关系模型)。关系一词源自数学领域,它是集合中的一个重要概念,用来反映元素之间的联系。一个关系对应一张二维表,表中的数据包括实体本身的数据和实体间的联系。关系模型由一组关系组成。关系数据库中的关系也称为表。一个关系数据库就是由若干个表组成的。关系模式是对关系的描述,是二维表中的行定义,通常可以表述为:

关系名(属性 1,属性 2,…,属性 n)

5. E-R 模型转换成关系模式的规则

(1)一个实体转换成一个关系模式,实体的属性就是关系的属性,实体的码就是关系的码。

(2)一个 1:1 联系可以转换成一个独立的关系模式,也可以与任意一端对应的关系模式合并。如果转换为一个独立的关系模式,则与该联系相连的各实体的码以及联系本身的属性均转换为关系的属性,每个实体的码均是该关系的候选码。如果与某一端实体对应的关系模式合并,则需要在该关系模式的属性中加入另一个关系模式的码和联系本身的属性。

(3)一个 1∶N 联系可以转换为一个独立的关系模式,也可以与 N 端对应的关系模式合并。如果转换为一个独立的关系模式,则与该联系相连的各实体的码以及联系体本身的属性均转换为关系的属性,而关系的码为 N 端实体的码。

(4)一个 M∶N 联系转换为一个关系模式。与该联系相连的各实体的码以及联系本身的属性均转换为关系的属性,而关系的码为各实体码的组合。

(5)三个或三个以上实体间的以上多元联系可以转换为一个关系模式。与该联系相连的各实体的码以及联系本身的属性均转换为关系的属性,而关系的码为各实体码的组合。

图 1-2 的产品类别与产品 E-R 图,可转换为如下关系模式:

产品类别关系模式(<u>类别编号</u>,类别名称)主码:类别编号

产品关系模式(<u>产品 id</u>,产品名称,定价,库存量,图片 URL,产品描述,生成日期,产品类别编号)主码:产品 id

6. 关系模型的完整性

为了保证数据库中数据的正确性和相容性,需要对关系模型进行完整性约束[①]。完整性通常包括域完整性、实体完整性、参照完整性和用户定义完整性,其中,域完整性、实体完整性和参照完整性是关系模型必须满足的完整性约束条件,具体解释如下。

(1)域完整性。域完整性(Domain Integrity)指列的值域的完整性,如数据类型、格式、值域范围、是否允许空值等,可以使用 check 约束、unique 约束、default 默认值、identity 自增、not null/null 保证域的完整性。

(2)实体完整性。实体完整性(Entity Integrity)是指关系的主关键字不能重复,也不能取"空值"。一个关系对应现实世界中的一个实体集。现实世界中的实体是可以相互区分、识别的,即它们应具有某种唯一性标识。在关系模式中,以主关键字作为唯一性标识,而主关键字中的属性(主属性)不能取空值,否则,表明关系模式中存在着不可标识的实体(因空值是"不确

---

① 黑马程序员. MySQL 数据库原理、设计与应用[M]. 北京:清华大学出版社,2019:9-10.

定"的。这与现实世界的实际情况相矛盾,这样的实体就不是一个完整实体)。按实体完整性规则要求,主属性不得取空值,如主关键字是多个属性的组合,则所有主属性均不得取空值。

(3)参照完整性。参照完整性(Referential Integrity)是定义建立关系之间联系的主关键字与外部关键字引用的约束条件。

(4)用户定义完整性。用户定义完整性(User Defined Integrity)指对某一具体关系数据库的约束条件,它反映某一具体应用所涉及的数据必须满足的语义要求。用户定义完整性可以涵盖实体完整性、域完整性、参照完整性等完整性类型。

7. 物理模型

物理建模阶段需要考虑硬件、操作系统的特性,为数据表选择存储引擎,为字段选择合适的数据类型,创建 SQL 脚本。

1.1.3 SQL 语言

结构化查询语言(Structured Query Language,SQL),是一种特殊目的的编程语言,也是一种数据库查询和程序设计语言,用于存取数据、查询、更新和管理关系数据库系统;同时也是数据库脚本文件的扩展名。

SQL 被认定为关系型数据库语言的标准,由 4 部分组成,具体如下:

(1) DDL,数据定义语言(Data Definition Language)。

(2) DML,数据操作语言(Data Manipulation Language)。

(3) DQL,数据查询语言(Data Query Language)。

(4) DCL,数据控制语言(Data Control Language)。

1.1.4 数据访问接口

数据库管理系统为访问数据库的应用程序提供了一些接口,用于执行 SQL 语句,对数据进行操作,常见的有 Microsoft 公司的 ODBC,Java 语言的 JDBC,Microsoft.NET 框架中的 ADO.NET 等。本书用的数据访问接口是 Java 语言的 JDBC。

1.1.5 常见的数据库产品

常见的数据库产品有 Oracle、SQL Server、MySQL、SQLite 等。

1. Oracle

Oracle 数据库系统是甲骨文公司的一款关系数据库管理系统,在数据库领域一直处于领先地位,其系统可移植性好、使用方便、功能强,适用于各类大、中、小型和微机环境,是一种高效率、可靠性好的、适应高吞吐量的数据库解决方案。与 MySQL 相比,Oracle 功能强大,但其价格较高。

2. SQL Server

SQL Server 是 Microsoft 开发和推广的关系数据库管理系统,易操作、界面良好,深受广大用户喜爱。早期版本的 SQL Server 只能在 Windows 平台上运行,而新版本的 SQL Server 2017 支持 Windows 和 Linux 平台。

3. MySQL

MySQL 是一个关系型数据库管理系统,由瑞典 MySQL AB 公司开发,目前是 Oracle 旗下产品。MySQL 所使用的 SQL 语言是用于访问数据库的最常用标准化语言。MySQL 软件分为社区版和商业版,采用双授权政策。由于它体积小、速度快、总体拥有成本低,尤其是开放源码,因此一般中小型网站的开发都选择 MySQL 作为网站数据库。

4. SQLite

SQLite 是一款轻型的、遵守 ACID 的关系型数据库管理系统,包含在一个相对小的 C 库中,是 D. RichardHipp 建立的公有领域项目。它被设计成嵌入式的,而且已经被应用于很多嵌入式产品中,占用资源非常低,在嵌入式设备中,只需要几百 K 的内存即可。它支持 Windows/Linux/Unix 等主流操作系统,能跟很多程序语言如 Tcl、C#、PHP、Java 等相结合,有 ODBC 接口,比 MySQL、PostgreSQL 这两款开源的世界著名数据库管理系统处理速度更快。

Android 系统集成了 SQLite。它的操作方式只是一种更为便捷的文件操作,当应用程序创建或打开一个 SQLite 数据库时,其实只是打开一个文件准备读写。但如果大量数据需要读写或面临大量用户的并发存储,就不应该把数据存放在手机 SQLite 数据库里,毕竟手机的存储能力和计算能力都不足以让它充当服务器的角色①。

本书桌面及 Web 版项目选用的数据库产品是 MySQL,移动 APP 项目启用了 SQLite。

---

① 李刚.疯狂 Android 讲义(第 3 版)[M].北京:电子工业出版社,2015:402.

1.2 数据库应用系统软件体系结构

1.2.1 C/S模式

C/S(Client/Server,客户机/服务器)模式又称 C/S 结构,通常采用客户机和服务器两层结构。客户机部分为用户所专有,负责执行前台功能,并且可以在子程序间自由切换;服务器部分是多个用户共享的信息与功能,执行后台服务,如控制共享数据库的操作等。客户机负责完成与用户的交互,服务器负责数据的管理。

客户机通过局域网与服务器相连,接受用户的请求,通过网络向服务器提出请求来对数据库进行操作。服务器接受客户机的请求,将数据提交给客户机,客户机对数据进行计算并将结果呈现给用户。

C/S 结构在技术上已经很成熟,虽然具有交互性强、存取模式安全、响应速度快、利于处理大量数据等优点,但 C/S 结构缺少通用性,系统维护、升级需要重新设计和开发,这增加了维护和管理的难度,使进一步的数据拓展面临较多困难,所以 C/S 结构只能用于小型的局域网[1]。

1.2.2 B/S模式

B/S(Browser/Server,浏览器/服务器)模式又称 B/S 结构,是继 Web 兴起后的一种网络结构模式,也是 C/S 结构的一种改进,属于三层 C/S 结构。它利用不断成熟的 WWW 浏览器技术,用通用浏览器实现了原来需要复杂专用软件才能实现的强大功能,节约了开发成本,是一种全新的软件系统构造技术。B/S 结构有三层:第一层是浏览器,即客户端,只有简单的输入输出功能,能处理极少部分的事务逻辑;第二层是 Web 服务器,扮演着信息传送的角色;第三层是数据库服务器,存放着大量的数据。

B/S 模式工作流程如下:

(1)客户端发送请求。用户在客户端浏览器页面提交表单操作,向服务器发送请求,等待服务器响应。

(2)服务器端处理请求。服务器端接受并处理请求,应用服务器端通常

---

① 黄文博,燕杨. C/S 结构与 B/S 结构的分析与比较[J]. 长春师范学院学报(自然科学版), 2006,25(4):56-58.

使用服务器端技术,如 JSP 等,对请求进行数据处理,并产生响应。

(3)服务器端发送响应。服务器端把用户请求的数据(网页文件、图片、声音等)返回给浏览器。

(4)浏览器解释执行 HTML 文件,呈现用户界面。

1.2.3　B/S 与 C/S 的区别

B/S 与 C/S 各有优缺点,无法相互取代,二者主要区别如表 1-1 所示。

表 1-1　B/S 与 C/S 的区别

项目	B/S	C/S
硬件环境	广域网	专用网络
安全要求	面向不可知的用户群,对安全的控制能力相对较弱	面向相对固定的用户群,对信息安全的控制能力强
程序架构	对安全及访问速度均要多重考虑,是发展趋势	更加注重流程,对系统运行速度考虑较少
个性化	无法实现个性化的设计要求	可以根据客户个性化需求进行设计
系统维护	业务扩展比较方便,可以编辑页面,能同时对所有用户即时更新,方便维护,共享性强。	缺乏通用性,升级客户端需要重新安装,管理与维护成本高。
问题处理方式	分散处理	集中处理
用户接口	跨平台,与浏览器相关	与操作系统关系密切

本书第 2 章桌面版产品管理系统采用 C/S 模式实现,第 3 章及第 4 章 Web 版产品管理系统采用 B/S 模式实现,第 5 章 Android 移动版产品 APP 需要访问 Web 服务器端对外提供的网络数据,采用 C/S + B/S 混合模式实现。

1.3　数据交换格式

移动客户端与 Web 服务端之间进行数据交换,常用 XML 和 JSON 两种[①]数据传输格式。

---

① 吴志霞. XML 在 Android 与 Web 双模式教学平台中数据交换的研究与应用[J]. 通化师范学院学报,2017,38(265):53-56.

1.3.1　XML

XML 是 eXtensible Markup Language 的缩写,是由万维网联盟(World Wide Web Consortium,W3C)定义的一种语言,称为可扩展置标语言。所谓可扩展是指 XML 允许用户按照 XML 规则自定义标记[①]。XML 可以用来标记数据、定义数据类型,是一种允许用户对自己的标记语言进行定义的源语言,非常适合万维网传输,提供统一的方法来描述和交换独立于应用程序或供应商的结构化数据,是 Internet 环境中跨平台的、依赖于内容的技术,也是目前处理分布式结构信息的有效工具。

1.3.2　JSON

JSON(JavaScript Object Notation)是一种轻量级的数据交换格式[②],基于 ECMAScript(欧洲计算机协会制定的 js 规范)的一个子集,采用完全独立于编程语言的文本格式来存储和表示数据。简洁和清晰的层次结构使 JSON 成为理想的数据交换语言。JSON 易于阅读和编写,也易于机器解析和生成,有效地提升了网络传输效率。

JSON 建立在两个结构上:①name/value 对,在各种语言中,这可以实现为对象、记录、结构、字典、哈希表、键列表或关联数组;②有序的值集合类,在大多数语言中,这是作为数组、向量、列表或序列实现的。这些是通用的数据结构,几乎所有现代编程语言都以某种形式支持它们。与编程语言可互换的数据格式也基于这些结构,其展现形式如下:

1. 对象结构

对象是一组无序的 name/value 对。对象以左大括号开始,以右大括号结束,每个 name 后跟冒号":",name/value 对之间用逗号","分隔,其存储形式如图 1-3 所示。

---

① 耿详义. XML 基础教程[M]. 北京:清华大学出版社,2008:2.
② https://www.json.org/.

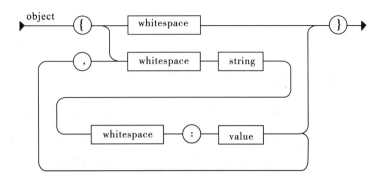

图 1-3 对象结构

2. 数组结构

数组是值的有序集合,以左括号"["开头,以右括号"]"结尾,值以逗号","分隔,其存储形式如图 1-4 所示。

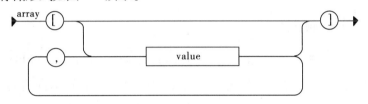

图 1-4 数组结构

1.3.3 JSON 与 XML 的区别

表 1-2 JSON 与 XML 的区别

优缺点	XML	JSON
优点	格式统一,结构清晰,符合标准;容易与其他系统进行远程交互,数据共享比较方便	数据格式比较简单,易于读写,格式都是压缩的,占用带宽小,传递速度快;易于解析,客户端 JavaScript 可以简单的通过 eval() 进 JSON 数据的读取;支持多种语言,便于服务器端的解析;在 Java Web 及 PHP 等高级开发中,服务器端的对象、数组等能直接生成 JSON 格式,便于客户端的访问提取
缺点	XML 文件庞大,文件格式复杂,传输占带宽;解析需考虑子节点和父节点,服务器端和客户端都需要花费大量代码来解析 XML;客户端不同浏览器之间解析 XML 的方式不一致,需要重复编写很多代码	JSON 对数据的描述比 XML 差;没有 XML 格式应用广泛、通用性强

综合以上优缺点分析及本书研究对象特点,我们选用 JSON 数据格式,服务器端生成 JSON 格式的数据,客户端读取或发送 JSON 格式的数据请求。

1.4 面向对象的软件开发方法

面向对象是认识事物的一种方法,是一种以对象为中心的思维方式,同时又是一种技术。面向对象思想的基本原理是:按照问题领域的基本事物实现自然分割,按照人类常见的思维模式建立问题领域的模型,努力设计能自然表现问题求解的软件系统。对象表现事物,用消息传递建立事物间的联系[①]。

本书运用面向对象的软件开发方法,对象模型采用自底向上的过程抽象创建。

1.5 集群式项目

集群式项目[②]将一些相互独立的、通过职业能力贯串的项目组成一个组,并融合理论与实践。集群式项目的结构可以从纵向和横向进行构建,纵向对应体系的不同阶段,强调能力进阶;横向强调知识或技能的覆盖。

1.5.1 集群式项目概述

本书以产品管理系统为研究对象,提供四种实现方式,分别对应四个项目。这四个项目构成的集群采用逐层递进的方式进行,分别是基于 C/S 模式软件体系结构的桌面版产品管理系统,基于 B/S 模式软件体系结构的采用 JSP + Servlet + JavaBean 技术实现的 Web 版产品管理系统,基于 B/S 模式的采用 Spring + SpringMVC + MyBatis 框架技术实现的 Web 版产品管理系统和基于 C/S + B/S 混合模式的移动应用开发版产品 APP。

本书研究涉及单表、含外键关联关系的关联表的添加、删除、修改和查询,带条件查询和带条件分页查询,图片上传,避免非法访问,Ajax 异步交互,JSON 数据转换,使用 Volley 通信框架进行网络访问,使用 GSON 解析 JSON 数据,获取网络图片等开发技术应用与实践。

---

① 邵志东. 软件开发这点事[M]. 北京:电子工业出版社,2009:25.
② 邱绍峰,周江等. 高职 MSP430 单片机集群式项目教学实践与探索[J]. 南方职业教育学刊,2018:82-86.

1.5.2 集群式项目对象模型

整个集群式产品管理系统的用例图如图1-5所示,该图展示了本项目提供的服务。

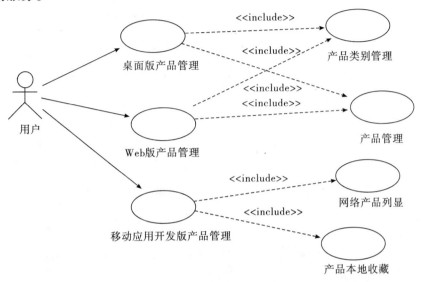

图1-5 集群式项目用例图

产品类别与产品之间可以描述为一对多的单向关联,关联类图如图1-6所示。

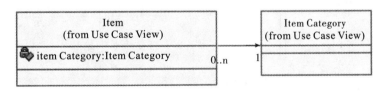

图1-6 产品类别(ItemCategory)与产品(Item)的一对多单向关联类图

针对跨平台数据库应用技术集群式项目,以请求产品信息时序图为例,可以观察到桌面与Web项目遵循MVC设计思想,即使用户界面不同,模型部分的业务逻辑也可以重用;Android移动端与Web服务端借助JSON格式的数据进行数据交换。时序图如图1-7至图1-9所示。

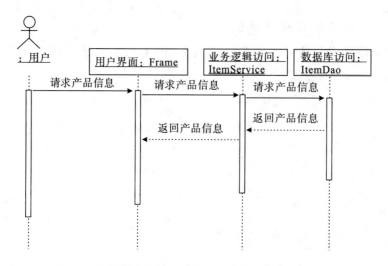

图 1-7　桌面版产品管理系统——请求产品信息时序图

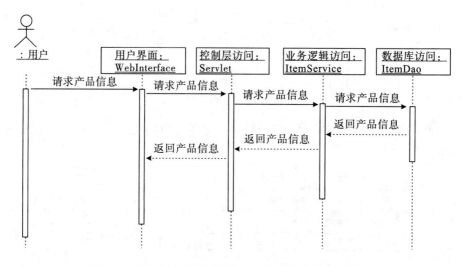

图 1-8　Web 版产品管理系统——请求产品信息时序图

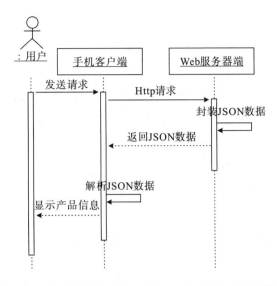

图1-9 Android移动版产品APP——请求产品信息时序图

通过上方的统一建模语言(UML)用例图、类图和时序图可以对集群式项目的对象模型进行图形化建模,详细的设计方案及实现方式将在后续章节进行展示。

1.6 相关开发思想及实现技术

1.6.1 MVC思想

MVC全名是Model View Controller,意为模型—视图—控制器,是一种软件设计典范,它用一种业务逻辑、数据和界面显示分离的方法组织代码,将业务逻辑聚集到一个部件中,在改进和个性化定制界面及用户交互的同时,不需要重新编写业务逻辑。

MVC是一种架构模式,目的是将模型(业务逻辑)和视图(表现层)分离,使模型和视图可以独立修改,互不影响。使用MVC模式,C/S模式的桌面项目,如要改版成B/S模式的Web项目或者C/S模式的手机版本时,只需要重新开发视图,模型部分的业务逻辑可以重复使用。这也是本书采用这种模式设计项目架构的原因。

1.6.2 Java语言

Java是一种高级计算机语言,由Sun公司于1995年5月推出,是一种可以编写跨平台应用软件、完全面向对象的程序设计语言①。它不仅吸收了C++的各种优点,还摒弃了C++里难以理解的多继承和指针等概念。

Java具有简单、面向对象、分布式、健壮、安全、平台独立与可移植、多线程和动态等特点②。Java可以编写桌面应用程序、Web应用程序、分布式系统和嵌入式系统应用程序等③。

本书项目基于Java实现。

1.6.3 Java Web 开发技术

Java Web 开发技术核心部分如下:

1. Servlet

Servlet 是使用 Java 语言编写的运行在服务器端的程序。狭义的 Servlet 是指 Java 语言实现的一个接口,广义的 Servlet 是指任何实现了这个 Servlet 接口的类,一般情况下,人们将 Servlet 理解为后者。Servlet 主要用于处理客户端传来的 HTTP 请求,并返回一个响应,它能够处理的请求有 doGet( ) 和 doPost( ) 等方法④。

2. JSP

JSP 全名是 Java Server Pages,其根本是一个简化的 Servlet 设计,是一种动态网页技术标准,在传统的网页 HTML 中插入 Java 程序段(Scriptlet)和 JSP 标记(tag),形成 JSP 文件,后缀名为 jsp。用 JSP 开发的 Web 应用是跨平台的,既能在 Linux 下运行,也能在其他操作系统上运行。JSP 用来实现 Web 应用的用户界面,Servlet 不能对数据进行排版,而 JSP 不仅可以对数据进行排版,还可以通过编写 Java 代码产生动态数据。根据 JSP 和 Servlet 技术各自的特点,Servlet 作为 Web 应用的控制组件负责响应请求产生数据,再把数据转发给 JSP,把 JSP 技术作为数据显示模板来显示数据⑤。

3. JavaBean

JavaBean 组件⑥是一些可移植、可重用、并可以组装到应用程序中的 Java

---

① 陈平.Java 面向对象程序设计[M].上海:上海交通大学出版社,2018:2.
② 赵景晖.Java 程序设计[M].北京:机械工业出版社,2005:1-2.
③ 明日科技.Java 从入门到精通(第3版)[M].北京:清华大学出版社,2014.
④ 黑马程序员.Java Web 程序设计任务教程[M].北京:人民邮电出版社,2017:80.
⑤ 陈晓钰.海洋数据信息服务系统的设计与实现[D].舟山:浙江海洋大学,2018:11-20.
⑥ 郝玉龙,姜韦华.Java EE 编程技术[M].北京:清华大学出版社,2008:127.

类。JSP 页面可以用脚本的形式包含处理逻辑和数据访问逻辑,但如果业务逻辑比较多,都用脚本的方式在 JSP 页面中去编写,会干扰 JSP 页面的可读性及可维护性。在 JSP 页面引入 JavaBean,借助 JavaBean 封装事务逻辑、数据库操作等,就可以更好地实现业务逻辑与前台展示的分离,提升 JSP 页面的可读性和易维护性。

本书第 3 章采用 JSP、Servlet 与 JavaBean 实现 Web 项目。

1.6.4 Java EE 开发框架

轻量级 Java EE(Java 企业版)应用开发通常有两种组合方式:一种以 S2SH(Struts2 + Spring + Hibernate)框架为核心;另一种以 SSM(Spring + SpringMVC + MyBatis)框架为核心。

1. S2SH 框架

S2SH 框架由 Struts2、Spring 和 Hibernate 集成,其结构如图 1-10 所示。

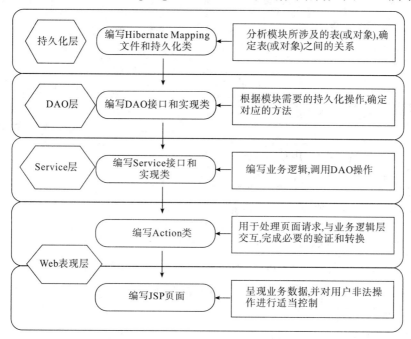

图 1-10　S2SH 框架结构

该框架与 MVC 模式的三层对象契合,其中,Struts2 对应前台的控制层,Spring 负责实体 Bean 的业务逻辑处理,Hibernate 负责与数据库的交接以及使用 DAO 接口完成相应操作。

2. SSM 框架

SSM 框架由 Spring、SpringMVC 和 MyBatis 三个开源的框架整合而成,其结构如图 1-11 所示。

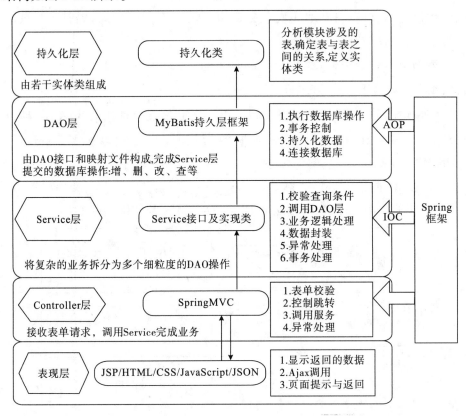

图 1-11 SSM 框架结构

SpringMVC 与前台的 Controller 层对应,负责 MVC 的分离。MyBatis 提供对数据持久化的支持。Spring 作为一个轻量级的 IOC(控制反转)容器,负责查找、定位、创建和管理对象及对象之间的依赖关系,使 SpringMVC 和 MyBatis 更好地工作。

S2SH 和 SSM 均以 Spring 框架为核心。S2SH 更加注重配置开发,其中的 Hibernate 对 JDBC 的完整封装更加面向对象,对增、删、改、查的数据维护更自动化,但在 SQL 优化方面较弱,且学习门槛较高;SSM 更注重注解式开发,且对象关系映射(ORM)实现更加灵活,SQL 优化更简便,学习容易上手。目前,传统企业项目的开发多使用 S2SH 框架,而对性能要求较高的互联网项目,通常会选用 SSM 框架①。

本书第 4 章选用 Spring + SpringMVC + MyBatis 这种组合框架进行 Java 企业级应用开发。

1.6.5 移动应用开发技术

移动硬件技术、移动通信技术和互联网技术的迅猛发展使移动应用得到迅速普及和快速发展。据统计②,截至 2017 年底,每个智能手机用户的平均 APP 数量达到 40 个,平均每天花费在各类 APP 上的时间约 4.2 小时。根据 NetMarketShare 在 2018 年 8 月至 2019 年 7 月的统计数据③,Android 系统占手机操作系统的 70.24%,iOS 系统占 28.44%。随着技术的发展,出现许多移动应用开发技术,如基于原生应用(Native APP)和 HTML5 的移动开发技术、基于 HTML5 的混合移动开发技术(Hybrid APP)和基于 JavaScript 的 Native 开发技术及寄生模式等。

本书选用基于 Android 的 Native APP 完成移动应用端的开发。

Android 是一种基于 Linux 的自由及开放源代码的操作系统,主要应用于移动设备,如智能手机和平板电脑,由 Google 公司和开放手机联盟领导及开发。Android 开发的四大组件分别是:①Activity,用于表现功能;②Service,后台运行服务,不提供界面呈现;③BroadcastReceiver,用于接收广播;④Content Provider,支持在多个应用中存储和读取数据。Android 平台具备开放性、方便开发、丰富的硬件和无缝结合 Google 服务四大优势。

1.7 本章小结

本章详细概述了数据库的基础知识及数据模型的创建过程;阐述了数据库应用系统软件体系结构,明确本书后面章节的软件体系结构的选型;明确了跨平台数据进行数据交换的数据格式选定;对集群式项目借助对象模型进行了概述;最后介绍了全书涉及的开发思想及实现技术。

---

① 黑马程序员. Java EE 企业级应用开发教程(Spring + SpringMVC + MyBatis)[M]. 北京:人民邮电出版社,2019.

② 36氪. 2017 年移动互联网行业榜单[EB/OL].[2018-01],https://www.sohu.com/a/217213545_114778.

③ NetMarketShare. Market Share Statistics for Internet. Technologies[DB/OL].[2019-07],https://netmarketshare.com/.

第 2 章
桌面版产品管理系统

C/S 模式具备密切合作、资源共享、用户透明、服务封装、不对称协议等特点,能够实现不同硬件和软件平台的集成,构造具有良好可移植性和可伸缩性的开放系统[1]。

采用 C/S 模式设计数据库管理系统,数据库放在服务器上,Client 端将命令以 SQL 语句的形式发给 Server,Server 对命令进行词法、语法分析和执行,并将执行结果发回给 Client 端。

本章主要阐述集群式项目中第一个项目——桌面版产品管理系统,采用 C/S 模式和软件体系结构实现。

2.1 SQL 语言与 JDBC

2.1.1 SQL 语言

1. SQL 语言简介

结构化查询语言(Structured Query Language,SQL)是一种特殊目的的编程语言,是一种数据库查询和程序设计语言,用于存取数据以及查询、更新和管理关系数据库系统;同时也是数据库脚本文件的扩展名。目前,

---

[1] 李战怀,李红燕,徐秋元等.对象—关系数据库管理系统原理与实现[M].北京:清华大学出版社,2006:32.

绝大多数流行的关系型数据库管理系统,如 Oracle、MySQL、Microsoft SQL Server、Sybase 等,都采用 SQL 语言标准。

2. SQL 语言的类别及语法

可执行的 SQL 语句的类别和数目惊人,使用 SQL 语句可以执行很多功能,如创建表、数据存储、表查询、设置用户权限等。此处仅讲述如何从数据表中查询、更新和删除数据,相关的重要 SQL 语句如表 2-1 所示。

表 2-1 重要 SQL 语句

命令	类别	说明
SELECT	数据查询语言	从一个表或多个表中检索列和行
INSERT	数据操纵语言	向一个表中增加行
DELETE	数据操纵语言	从一个表中删除行
UPDATE	数据操纵语言	更新表中已存在的行的某几列
CREATE	数据定义语言	按特定的表模式创建一个新表
ALERT	数据定义语言	修改表结构
DROP	数据定义语言	删除一张表

(1) SELECT 语句语法。

语法 1:

SELECT [DISTINCT] *|{字段名1,字段名2,字段名3,……}

FROM 表名

[WHERE 条件表达式1]

[GROUP BY 字段名 [HAVING 条件表达式2]]

[ORDER BY 字段名 [ASC|DESC]]

说明: SELECT 查询。

语法 2: 连接查询——交叉连接

SELECT * FROM 表1 CROSS JOIN 表2;

说明: 交叉连接返回的结果是被连接的两个表中所有数据行的笛卡尔积,即行数的乘积。

在实际开发中这种业务需求很少见,一般不会使用交叉连接,而是使用具体的条件对数据进行有目的的查询。

语法 3: 连接查询——内连接

　　　　SELECT 查询字段 FROM 表 1［INNER］JOIN 表 2

　　　　ON 表 1. 关系字段 = 表 2. 关系字段

说明：内连接使用比较运算符对两个表中的数据进行比较,列出与连接条件匹配的数据行,组合成新的记录。

语法 4：连接查询——外连接

　　　　SELECT 所查字段 FROM 表 1 LEFT|RIGHT［OUTER］JOIN 表 2

　　　　ON 表 1. 关系字段 = 表 2. 关系字段 WHERE 条件

说明：左连接的结果包括 LEFT JOIN 子句中指定的表 1 的所有记录和所有满足连接条件的记录。右连接与左连接正好相反,返回表 2 中所有指定的记录和所有满足连接条件的记录。

(2)INSERT 语句语法。

语法 1：

　　　　INSERT INTO 表名(字段名 1,字段名 2,……)

　　　　VALUES(值 1,值 2,……);

说明：INSERT 语句中指定所有字段名。

语法 2：

　　　　INSERT INTO 表名 VALUES(值 1,值 2,……)

说明：INSERT 语句中不指定字段名。

(3)DELETE 语句语法。

语法：

　　　　DELETE FROM 表名［WHERE 条件表达式］

说明：删除数据。

(4)UPDATE 语句语法。

语法：

　　　　UPDATE 表名

　　　　SET 字段名 1 = 值 1［,字段名 2 = 值 2,……］

　　　　［WHERE 条件表达式］

说明：修改数据。

(5)CREATE 语句语法。

语法：

　　　　CREATE TABLE 表名(

字段名1,数据类型[完整性约束条件],
字段名2,数据类型[完整性约束条件],
......
字段名n,数据类型[完整性约束条件],
)

说明:创建数据表。

(6) ALERT 语句语法。

语法1:

ALTER TABLE 表名 ADD 新字段名 数据类型
[约束条件][FIRST|AFTER 已存在字段名]

说明:添加字段。

语法2:

ALTER TABLE 表名 CHANGE 旧字段名 新字段名 新数据类型;

说明:修改字段。

语法3:

ALTER TABLE 表名 DROP 字段名;

说明:删除字段。

(7) DROP 语句语法。

语法:

DROP TABLE 表名;

说明:删除数据表。

2.1.2 JDBC 基本概念

JDBC 的全称是 Java Database Connectivity,即 Java 数据库连接。它是一套行业标准的 API,可以在 Java 应用程序中与关系型数据库建立连接,并执行相关操作,如 Oracle、DB2 等主流数据库产品。

2.1.3 JDBC 编程

1. 创建数据库及表

创建数据库 db_item.sql,并新建表 user。

```sql
create database db_item  character set utf8 collate utf8_general_ci;
use db_item;
CREATE TABLE 'user' (
  'id' int(4) NOT NULL AUTO_INCREMENT,
  'username' varchar(50) NOT NULL,
  'password' varchar(50) NOT NULL,
  'gender' char(2) NOT NULL,
  'email' varchar(50) NOT NULL,
  'telephone' varchar(50) NOT NULL,
  'role' varchar(5) NOT NULL,
  'birthday' date DEFAULT NULL,
  PRIMARY KEY ('id')
) ENGINE = InnoDB AUTO_INCREMENT = 3 DEFAULT CHARSET = utf8;
/* Data for the table 'user' */
insert   into 'user'
('id',
 'username',
 'password',
 'gender',
 'email',
 'telephone',
 'role',
 'birthday'
)
VALUES
  (1,
   'admin',
   'admin',
   '男',
   'admin@163.com',
   '15309999999',
   '管理员',
```

```
    '1989 - 07 - 28'
),
(2,
    'user1',
    '123',
    '女',
    'user1@163.com',
    '15305550001',
    '普通用户',
    '1986 - 06 - 21'
);
```

2. 导入数据库的驱动

导入数据库的驱动：

mysql-connector-java-5.1.20.jar

3. 编写 Java 程序，连接访问数据库

```
//1. 注册数据库的驱动
DriverManager.registerDriver(new com.mysql.jdbc.Driver());
//2. 建立与 MySQL 数据库的连接
String url = "jdbc:mysql://localhost:3306/db_item";
String user = "root";
String password = "root";
Connection conn = DriverManager.getConnection(url, user, password);
//3. 创建用于发送 SQL 语句的 Statement 对象
Statement stmt = conn.createStatement();
//4. 编写一句 SQL
String sql = "select * from user";
//5. 发送 SQL，获得结果集
ResultSet rs = stmt.executeQuery(sql);
//6. 处理结果集
System.out.println("id | username | password | email | birthday");
```

```
while(rs.next()){
    int id = rs.getInt("id");//通过列名取值比较直观
    String name = rs.getString("username");
    String psw = rs.getString("password");
    String email = rs.getString("email");
    Date birthday = rs.getDate("birthday");
    System.out.println(id + " | " + name + " | " + psw + " | "
        + email + " | " + birthday);
}
//7. 关闭连接,释放资源
rs.close();
stmt.close();
conn.close();
```

2.1.4　JDBC 程序详解

1. 注册驱动

DriverManager.registerDriver(new com.mysql.jdbc.Driver());

上面的语句会导致注册两次驱动,查看 Driver 类的源码会发现,在静态代码块中已完成了注册驱动的工作,也就是说注册驱动其实很简单,只需加载驱动类即可,如下:

Class.forName("com.mysql.jdbc.Driver");

2. 创建数据库的连接

Connection conn = DriverManager.getConnection(url, user, password);

说明:url 表示数据库的访问地址,格式如下:

jdbc:mysql:[]//localhost:3306/db_item? 参数名:参数值

其中 jdbc 为主协议,mysql 为子协议,localhost 为主机名,3306 为端口号,db_item 为数据库名。

url 的后面可以跟参数,常用的参数有: user = root&password = root&characterEncoding = UTF-8。如果 url 地址后面跟了 user 和 password,那么在创建 Connection 对象时将不必再次传入值,如下:

Connection conn = DriverManager.getConnection(url);

如果访问 localhost:3306,就可以将 url 省写为:
jdbc:mysql:///db_item

3. Connection 对象

Connection 对象用于表示与某个数据库之间的连接,在程序中对数据库的所有操作都需要通过此对象来完成。常用方法有:

createStatement():创建向数据库发送 SQL 的 Statement 对象。

prepareStatement(sql):创建向数据库发送预编译 SQL 的 prepareStatement 对象。

prepareCall(sql):创建执行存储过程的 CallableStatement 对象。

setAutoCommit(boolean autoCommit):设置事务是否自动提交。

commit():在链接上提交事务。

rollback():在此链接上回滚事务。

4. Statement 对象

Statement 对象用于向数据库发送 SQL 语句。常用方法有:

execute(String sql):用于向数据库发送任意 SQL 语句。

executeQuery(String sql):只能向数据库发送 SQL 查询语句。

executeUpdate(String sql):向数据库发送 insert、update 或 delete 语句,或者不返回任何内容的 SQL 语句。

addBatch(String sql):把多条 SQL 语句放到一个批处理中。

executeBatch():向数据库发送一批 SQL 语句执行。

5. ResultSet 对象

ResultSet 对象专门用于封装结果集。

遍历方式:最初,光标被置于第一行之前,即表头。

获得当前行的数据需要调用 get 方法:

get(int index):获得第几列,列数从 1 开始。

get(String columnName):根据列名获得值(常用)。

常用方法有:

next():光标移动到下一行,如果没有下一行,该方法会返回 false。

previous():移动到前一行。

absolute(int row):移动到指定行。

beforeFirst():移动到 resultSet 的最前面。

afterLast():移动到 resultSet 的最后面。

6. 数据库中数据类型与 Java 中数据类型的对应关系。

表 2-2　数据库数据类型(SQL)与 Java 数据类型(JDBC)的对应关系

数据库数据类型(SQL)	Java 数据类型(JDBC)	返回类型
bit	getBoolean()	Boolean
tinyint	getByte()	Byte
smallint	getShort()	Short
int	getInt()	Int
bigint	getLong()	Long
char,varchar,longvarchar	getString()	String
text(clob),blob	getClob(),getBlob()	Clob,Blob
date	getDate()	java.sql.Date
time	getTime()	java.sql.Time
timestamp	getTimestamp()	java.sql.Timestamp

7. 释放数据库资源

数据库允许的并发访问连接数量比较有限,因此用完了一定要记得释放资源,特别是 Connection 对象。

在 Java 程序中,我们应该将最终必须要执行的代码放到 finally 文件中。

```
//释放资源的代码
if(rs! = null){
    try{
        rs.close();
    }catch (SQLException e){
        e.printStackTrace();
    }
    rs = null;
}
if(stmt! = null){
    try{
```

```
            stmt.close();
        } catch (SQLException e) {
            e.printStackTrace();
        }
        stmt = null;
    }
    if(conn! = null) {
        try {
            conn.close();
        } catch (SQLException e) {
            e.printStackTrace();
        }
        conn = null;
    }
}
```

2.2 产品管理系统概述

2.2.1 系统功能介绍

本系统采用 Java 编写,主要应用 Swing 和 JDBC 技术,包含两个功能模块:产品类别管理和产品管理,系统功能结构如图 2-1 所示。

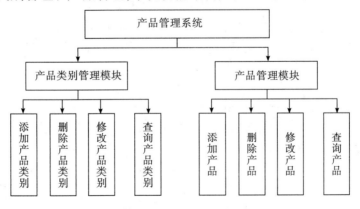

图 2-1 系统功能结构

2.2.2 系统架构设计

本系统采用五层架构的 MVC 模式,分开编写代码,各自的功能相对独立,责任明确。如果后期需要进行修改,需要改哪部分代码就去找那一层的代码即可,其他层的代码不受影响,不需要修改,这体现高内聚低耦合的特点。系统层次结构如下:

模型层:用于封装数据,在两层之间传递数据。

数据访问层(DAO 层):该层由 Java 类组成,负责所有访问数据库的代码。

业务逻辑层(Service 层):该层由 Java 类组成,用于进行具体的业务逻辑处理。

控制层(Controller 层):该层由 Java 类组成,用于接收用户的数据、命令,然后进行"业务分发"(转发给相应的业务层)。

视图层:该层主要包含窗体类,用于从用户那里接收、显示数据。此章借助 windowbuilder 插件和 Swing 技术完成窗体界面的搭建。

为方便读者理解,下面通过系统层次结构图来描述各个层次的调用关系及作用,如图 2-2 所示。

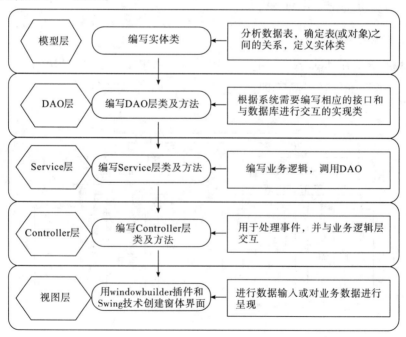

图 2-2 系统层次结构

2.2.3 文件组织结构

本项目所涉及的 Java 文件、配置文件以及页面文件等在项目中的组织结构如图 2-3 所示。

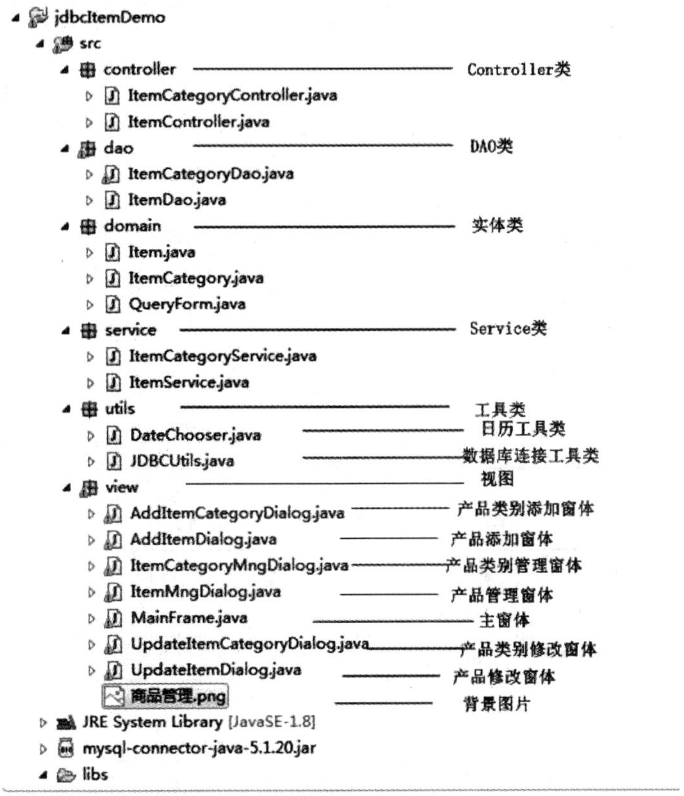

```
▲ 🗁 jdbcItemDemo
   ▲ 🗁 src
      ▲ 🗁 controller ──────────────── Controller类
         ▷ 📄 ItemCategoryController.java
         ▷ 📄 ItemController.java
      ▲ 🗁 dao ──────────────────── DAO类
         ▷ 📄 ItemCategoryDao.java
         ▷ 📄 ItemDao.java
      ▲ 🗁 domain ─────────────────── 实体类
         ▷ 📄 Item.java
         ▷ 📄 ItemCategory.java
         ▷ 📄 QueryForm.java
      ▲ 🗁 service ─────────────────── Service类
         ▷ 📄 ItemCategoryService.java
         ▷ 📄 ItemService.java
      ▲ 🗁 utils ──────────────────── 工具类
         ▷ 📄 DateChooser.java ───────── 日历工具类
         ▷ 📄 JDBCUtils.java ────────── 数据库连接工具类
      ▲ 🗁 view ──────────────────── 视图
         ▷ 📄 AddItemCategoryDialog.java ── 产品类别添加窗体
         ▷ 📄 AddItemDialog.java ──────── 产品添加窗体
         ▷ 📄 ItemCategoryMngDialog.java ── 产品类别管理窗体
         ▷ 📄 ItemMngDialog.java ──────── 产品管理窗体
         ▷ 📄 MainFrame.java ──────────── 主窗体
         ▷ 📄 UpdateItemCategoryDialog.java ─ 产品类别修改窗体
         ▷ 📄 UpdateItemDialog.java ─────── 产品修改窗体
         🖼 商品管理.png ─────────────── 背景图片
   ▷ 📚 JRE System Library [JavaSE-1.8]
   ▷ 📄 mysql-connector-java-5.1.20.jar
   ▷ 🗁 libs
```

图 2-3 项目文件组织结构

2.2.4 系统开发及运行环境

操作系统:Windows。

开发语言:Java 语言。

Java 开发包:JDK8。

开发工具:Eclipse IDE for Java Developers。

数据库:MySQL5.5。

插件:windowbuilder。

2.3 数据库设计

本书主要用到 3 张表,这 3 张表的结构如表 2-3、2-4 和 2-5 所示。本系统只涉及产品类别管理和产品管理功能,只用到产品类别和产品信息表。

表 2-3 系统用户表(user)

字段名	数据类型	是否为空	是否主键	默认值	描述
id	int(4)	Not Null	PK		id(自动跳号)
username	varchar(50)	Not Null			用户名
password	varchar(50)	Not Null			密码
gender	varchar(2)	Not Null			性别
email	varchar(50)	Not Null			邮箱
telephone	varchar(50)	Not Null			电话
role	varchar(5)	Not Null		普通用户	角色("管理员"或"普通用户")

表 2-4 产品类别表(itemCategory)

字段名	数据类型	是否为空	是否主键	默认值	描述
cid	int(4)	Not Null	PK		id(自动跳号)
cateName	varchar(20)	Not Null			类别名称

表 2-5 产品信息表(item)

字段名	数据类型	是否为空	是否主键	默认值	描述
id	int(4)	Not Null	PK		id(自动跳号)
name	varchar(40)	Not Null			产品名称
price	double	Not Null			定价
cid	int(4)	Not Null			类别
pnum	int(11)	Not Null		0	库存量
imgurl	varchar(100)				图片位置
description	varchar(255)	Not Null			描述
createtime	datatime	Not Null			生成日期

2.4 系统环境搭建

2.4.1 创建数据库表

在 MySQL 数据库中创建名称为 db_item 的数据库,并根据数据库设计在 db_item 中创建相应的表。

2.4.2 准备所需的 JAR 包

整个系统所需要准备的 JAR 包如下所示:

MySQL5.5 数据库驱动 JAR 包为:

mysql-connector-java-5.1.20.jar

2.4.3 准备项目环境

1. 创建项目,导入 JAR 包

在 Eclipse 中,创建名为 jdbcItemDemo 的 Java 项目,创建与 src 同级的 libs 文件夹,将系统准备的全部 JAR 包复制到项目的 libs 目录中。

2. 编写工具类——JDBCUtils

在 src 根目录下创建 utils 包,在该包下创建 JDBCUtils.java 文件,该类用来取得或释放数据库连接,具体代码如文件 2-1 所示。

文件 2-1 JDBCUtils.java

```java
public class JDBCUtils {
    //取得连接
    public static Connection getConnection() {
        Connection conn = null;
        try {
            //1. 注册驱动
            Class.forName("com.mysql.jdbc.Driver");
            System.out.println("加载驱动成功");
            String url = "jdbc:mysql://localhost:3306/db_item";
            String user = "root";
            String password = "root";
            try {
                //2. 获取连接对象
                conn = DriverManager.getConnection(url, user, password);
```

```java
            return conn;
        } catch (SQLException e) {
            //TODO Auto-generated catch block
            e.printStackTrace();
        }
    } catch (ClassNotFoundException e) {
        e.printStackTrace();
    }
    return conn;
}
public static void release(Connection conn, Statement st, ResultSet rs) {
    //资源的释放
    if (rs != null) {
        try {
            rs.close();
        } catch (SQLException e) {
            e.printStackTrace();
        }
    }
    if (st != null) {
        try {
            st.close();
        } catch (SQLException e) {
            e.printStackTrace();
        }
    }
    if (conn != null) {
        try {
            conn.close();
        } catch (SQLException e) {
            e.printStackTrace();
        }
```

```java
        }
    }
    public static void release(Connection conn, Statement st){
        //资源的释放
        if(st!=null){
            try{
                st.close();
            }catch(SQLException e){
                e.printStackTrace();
            }
        }
        if(conn!=null){
            try{
                conn.close();
            }catch(SQLException e){
                e.printStackTrace();
            }
        }
    }
}
```

2.5 欢迎窗体实现

项目运行将弹出"欢迎"窗口,如图2-4所示。

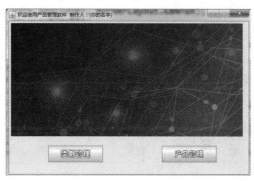

图2-4 欢迎窗体

在 src 目录下,创建一个名为 view 的包,在包中创建 MainFrame 窗体类,该窗体借助 windowbuilder 插件和 Swing 实现窗体布局,核心代码如文件 2-2 所示。

文件 2-2　MainFrame.java

```java
public MainFrame(){
    setDefaultCloseOperation(JFrame.EXIT_ON_CLOSE);
    setBounds(100, 100, 450, 300);
    contentPane = new JPanel();
    contentPane.setBorder(new EmptyBorder(5, 5, 5, 5));
    contentPane.setLayout(new BorderLayout(0, 0));
    setContentPane(contentPane);
    JLabel lblNewLabel = new JLabel("");
    lblNewLabel.setIcon(new ImageIcon(MainFrame.class.getResource("/view/"
            + "\u5546\u54C1\u7BA1\u7406.png")));
    contentPane.add(lblNewLabel, BorderLayout.NORTH);
    JPanel panel = new JPanel();
    contentPane.add(panel, BorderLayout.CENTER);
    panel.setLayout(null);
    //类别管理按钮
    JButton button = new JButton("\u7C7B\u522B\u7BA1\u7406");
    //为类别管理按钮绑定监听
    button.addActionListener(new ActionListener(){
        public void actionPerformed(ActionEvent e){
            //打开类别管理对话框
            new ItemCategoryMngDialog().setVisible(true);
        }
    });
    button.setFont(new Font("华文彩云", Font.PLAIN, 18));
    button.setBounds(92, 23, 135, 40);
    panel.add(button);
```

```
//产品管理按钮
JButton button_1 = new JButton("\u4EA7\u54C1\u7BA1\u7406");
//为产品管理按钮绑定监听
button_1.addActionListener(new ActionListener() {
    public void actionPerformed(ActionEvent e) {
        //打开产品管理对话框
        new ItemMngDialog().setVisible(true);
    }
});
button_1.setFont(new Font("华文彩云", Font.PLAIN, 18));
button_1.setBounds(374, 23, 135, 40);
panel.add(button_1);
//1.设置窗体不可以更改大小
this.setResizable(false);
//2.设置窗体标题
this.setTitle("\u6B22\u8FCE\u4F7F\u7528\u4EA7\u54C1\u7BA1"
        + "\u7406\u8F6F\u4EF6　\u5236\u4F5C\u4EBA\uFF1A("
        + "\u4F60\u7684\u540D\u5B57)");
//3.重新设置一下窗体宽度和高度
this.setSize(600, 400);
//4.设置窗体居中
this.setLocationRelativeTo(null);
}
```

2.6 产品类别管理模块

产品类别管理模块实现了对产品类别的列显、添加、修改和删除功能。下面几个小节将对这几个功能的实现进行详细讲解,程序调用逻辑关系如图2-5所示。

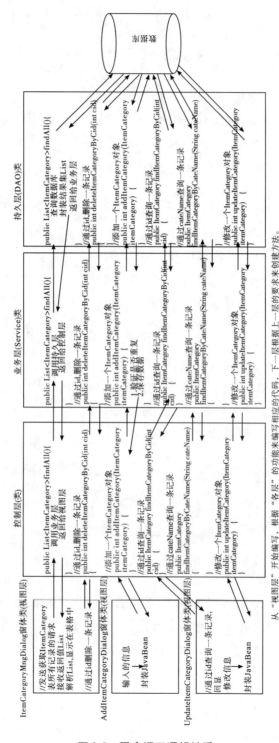

图 2-5　程序调用逻辑关系

2.6.1 产品类别列显

在欢迎窗体点击"类别管理"进入产品类别管理窗体,如图 2-6 所示,表格中显示了产品类别信息。

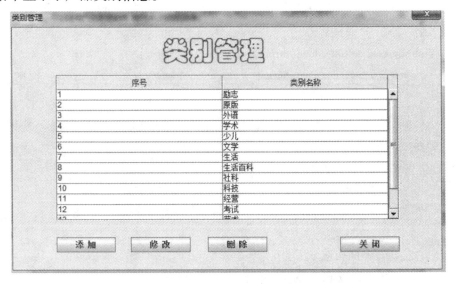

图 2-6 产品类别管理窗体

1. 创建实体类

在 src 目录下,创建一个名为 domain 的包,在包中创建 ItemCategory 实体类,在 ItemCategory 实体类中按照数据表定义相关属性、相应的 get/set 方法、有参与无参构造方法及 toString( )方法,如文件 2-3 所示。

文件 2-3 ItemCategory.java

```
package domain;
public class ItemCategory {
    private Integer cid;
    private String cateName;
    //提供 get/set 方法
    public Integer getCid(){
        return cid;
    }
    public void setCid(Integer cid){
```

```
        this.cid = cid;
    }
    public String getCateName(){
        return cateName;
    }
    public void setCateName(String cateName){
        this.cateName = cateName;
    }
//提供 toString 方法
@Override
public String toString(){
    return "ItemCategory [cid = " + cid
                    + ", cateName = " + cateName + "]";
}
//提供有参的构造方法
public ItemCategory(Integer cid, String cateName){
    super();
    this.cid = cid;
    this.cateName = cateName;
}
//提供无参的构造方法
public ItemCategory(){
    super();
}
}
```

2. 窗体代码

在 view 包中，创建 ItemCategoryMngDialog 窗体，产品类别管理窗体借助 windowbuilder 插件和 Swing 技术实现窗体布局，实现的代码如文件 2-4 所示。

文件 2-4　ItemCategoryMngDialog.java

```
public class ItemCategoryMngDialog extends JDialog {
    private final JPanel contentPanel = new JPanel();
```

```java
private JTable table;
private ItemCategoryController itemCategoryController
                = new ItemCategoryController();
/**
 * Create the dialog.
 */
public ItemCategoryMngDialog() {
    //设置不可更改大小
    setResizable(false);
    //设置窗体标题栏
    setTitle("\u7C7B\u522B\u7BA1\u7406");
    //设置窗体的初始大小,宽度为680像素,高度为400像素
    setBounds(100, 100, 680, 400);
    getContentPane().setLayout(new BorderLayout());
    contentPanel.setBorder(new EmptyBorder(5, 5, 5, 5));
    getContentPane().add(contentPanel, BorderLayout.CENTER);
    contentPanel.setLayout(null);
    JLabel label = new JLabel("\u7C7B\u522B\u7BA1\u7406");
    label.setForeground(Color.RED);
    label.setFont(new Font("华文彩云", Font.PLAIN, 40));
    label.setBounds(237, 10, 169, 53);
    contentPanel.add(label);
    JScrollPane scrollPane = new JScrollPane();
    scrollPane.setBounds(69, 73, 538, 223);
    contentPanel.add(scrollPane);
    //使用匿名子类构造JTable,使其单元格不可编辑
    table = new JTable() {
        @Override
        public boolean isCellEditable(int row, int column) {
            return false;
        }
    };
```

/**对table进行设置*/
//设置"列"不可以拖动
table.getTableHeader().setReorderingAllowed(false);
//设置"只能单选某行"
table.setSelectionMode(ListSelectionModel.SINGLE_SELECTION);
//- -
//从数据库读取数据,填充Jtable
queryItemCategory();
scrollPane.setViewportView(table);
//添加按钮
JButton button = new JButton("\u6DFB\u52A0");
button.setBounds(69, 322, 93, 23);
contentPanel.add(button);
//修改按钮
JButton button_1 = new JButton("\u4FEE\u6539");
button_1.setBounds(186, 322, 93, 23);
contentPanel.add(button_1);
//删除按钮
JButton button_2 = new JButton("\u5220\u9664");
button_2.setBounds(306, 322, 93, 23);
contentPanel.add(button_2);
//关闭按钮
JButton button_3 = new JButton("\u5173\u95ED");
button_3.addActionListener(new ActionListener(){
    public void actionPerformed(ActionEvent e){
        //将自己销毁
        closeMe();
    }
});
button_3.setForeground(Color.RED);
button_3.setBounds(514, 322, 93, 23);
contentPanel.add(button_3);

```
    //设置窗体居中
    this.setLocationRelativeTo(null);
    /* 设置对话框为模式对话框——当此对话框显示时不能切换到其他
    * 的窗体 */
    this.setModal(true);
}
//刷新列表
protected void queryItemCategory(){
    //从控制层获取
    List<ItemCategory> itemCategoryList
            = this.itemCategoryController.findAll();
    Object[][] objArray = new Object[itemCategoryList.size()][2];
    for(int i=0;i<itemCategoryList.size();i++){
        ItemCategory itemCategory = itemCategoryList.get(i);
        objArray[i][0] = itemCategory.getCid();
        objArray[i][1] = itemCategory.getCateName();
    }
    //将数据填充到表格中
    table.setModel(new DefaultTableModel(objArray, new String[]{
            "序号","类别名称"}));
}
protected void closeMe(){
    //将自己销毁
    this.dispose();
}
}
```

3. 实现 Controller 层

在 src 目录下,创建一个 controller 包,在该包中创建 ItemCategoryController 类,代码如文件 2-5 所示。

文件 2-5　ItemCategoryController.java

```java
public class ItemCategoryController {
    //多个方法都能访问的对象
    private ItemCategoryService itemCategoryService
        = new ItemCategoryService();
    //编写方法,用于前端请求"查询所有 ItemCategory 记录
    public List < ItemCategory > findAll() {
        //直接调用业务层
        return itemCategoryService.findAll();
    }
}
```

4. 实现 Service 层

在 src 目录下,创建一个 Service 包,在该包中创建 ItemCategoryService 类,代码如文件 2-6 所示。

文件 2-6　ItemCategoryService.java

```java
public class ItemCategoryService {
    //为了多个成员方法都可以访问这个对象,将其定义在成员位置
    private ItemCategoryDao itemCategoryDao = new ItemCategoryDao();
    private ItemDao itemDao = new ItemDao();
    //用于接收控制层的请求,查询所有的 itemCategory 表记录
    public List < ItemCategory > findAll() {
        //调用"持久层"查询所有数据
        return itemCategoryDao.findAll();
    }
}
```

5. 实现 DAO 层

在 src 目录下,创建一个 dao 包,在该包中创建 ItemCategoryDao 类,代码如文件 2-7 所示。

文件 2-7　ItemCategoryDao.java

```java
public class ItemCategoryDao {
    //用于接收业务层请求,查询 itemCategory 表的所有记录
```

```java
public List < ItemCategory > findAll( ){
    List < ItemCategory > list = new ArrayList < ItemCategory > ( );
    //1. 取得连接
    Connection conn = JDBCUtils. getConnection( );
    Statement st = null;
    ResultSet rs = null;
    try {
        //2. 获取 SQL 执行器
        st = conn. createStatement( );
        //3. 封装 SQL 语句
        String strSQL = "select * from   ItemCategory ";
        //4. 执行查询,获取结果集
        rs = st. executeQuery( strSQL);
        //5. 定义集合,封装结果集
        while ( rs. next( ) ){
            int cid = rs. getInt("cid");
            String catename = rs. getString("catename");
            ItemCategory itemCategory = new ItemCategory( );
            itemCategory. setCid( cid);
            itemCategory. setCateName( catename);
            list. add( itemCategory);
        }
        rs. close( );
        st. close( );
        
    } catch (SQLException e){
        //TODO Auto-generated catch block
        e. printStackTrace( );
    }
    return list;
}
```

6. 测试产品类别列显功能

启动欢迎窗体,点击进入到产品类别管理窗体,能看到所有的产品类别信息,如图2-6所示。

2.6.2 添加产品类别

在本项目中,单击产品"类别管理"窗体的"添加"按钮,弹出如图2-7所示窗口。

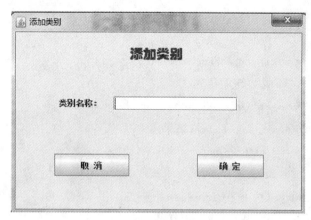

图2-7 产品类别添加窗体

1. 窗体代码

(1)在 view 包中,创建 AddItemCategoryDialog 窗体,窗体借助 windowbuilder 插件和 Swing 技术实现窗体布局,代码如文件2-8所示。

文件2-8 AddItemCategoryDialog.java

```
public class AddItemCategoryDialog extends JDialog {
    private final JPanel contentPanel = new JPanel();
    private JTextField textField;
    //定义一个控制层的对象
    private ItemCategoryController itemCategoryController
                    = new ItemCategoryController();
    public AddItemCategoryDialog() {
        setTitle("\u6DFB\u52A0\u7C7B\u522B");
        setBounds(100, 100, 450, 300);
        getContentPane().setLayout(new BorderLayout());
        contentPanel.setBorder(new EmptyBorder(5, 5, 5, 5));
```

```java
getContentPane().add(contentPanel, BorderLayout.CENTER);
contentPanel.setLayout(null);
{
    JLabel label = new JLabel("\u7C7B\u522B\u540D"
            + "\u79F0\uFF1A");
    label.setBounds(67, 93, 68, 25);
    contentPanel.add(label);
}
{
    JLabel label = new JLabel("\u6DFB\u52A0\u5206\u7C7B");
    label.setHorizontalAlignment(SwingConstants.CENTER);
    label.setFont(new Font("华文琥珀", Font.PLAIN, 20));
    label.setBounds(171, 20, 87, 25);
    contentPanel.add(label);
}
textField = new JTextField();
textField.setBounds(150, 95, 187, 21);
contentPanel.add(textField);
textField.setColumns(10);
//取消按钮
JButton btnNewButton = new JButton("\u53D6\u6D88");
btnNewButton.addActionListener(new ActionListener() {
    public void actionPerformed(ActionEvent e) {
        //调用外部方法
        closeMe();
    }
});
btnNewButton.setBounds(60, 181, 114, 32);
contentPanel.add(btnNewButton);
JButton btnNewButton_1 = new JButton("\u786E\u5B9A");
btnNewButton_1.addActionListener(new ActionListener() {
    public void actionPerformed(ActionEvent e) {
```

```
            //调用外部方法
            addItemCategory();
        }
    });
    btnNewButton_1.setBounds(276,181,101,32);
    contentPanel.add(btnNewButton_1);
    //1.设置对话框居中
    this.setLocationRelativeTo(null);
    //2.设置对话框为一个模式对话框
    this.setModal(true);
}
//添加按钮
protected void addItemCategory(){
    //1.获取"类别名称"文本框的数据
    String cateName = this.textField.getText().trim();
    
    //2.判断"类别名称"是否已经存在
    //先验证"类别名称"是否填写
    if(cateName.length()==0){//没有填写类别名称项
        JOptionPane.showMessageDialog(this,"请填写类别名称项!");
        return;
    }
    //*********调用控制层,添加数据**********//
    //1.将数据封装到JavaBean
    ItemCategory itemCategory = new ItemCategory();
    itemCategory.setCateName(cateName);
    //2.调用控制层保存数据,并将JavaBean对象传递给控制层
    if(this.itemCategoryController.addItemCategory(itemCategory)>0){
        JOptionPane.showMessageDialog(this,"保存成功!");
        //销毁自己
        this.dispose();
```

```
        } else {//可能是类别名称已经存在,也可能是添加时 row 的结果是 0
            JOptionPane.showMessageDialog(this,"保存数据时发生异常,"
                    +"可能是类别名称已经存在,请重试!");
            //不销毁自己,直接返回
            return;
        }
    }
    //取消按钮
    protected void closeMe(){
        //销毁自己
        this.dispose();
    }
}
```

(2)在 ItemCategoryMngDialog.java 的 ItemCategoryMngDialog() 方法内添加如下代码。

```
button.addActionListener(new ActionListener(){
        public void actionPerformed(ActionEvent e){
            new AddItemCategoryDialog().setVisible(true);
            //重新执行当前的查询,并刷新列表
            queryItemCategory();
        }
});
```

2. 实现 Controller 层

在控制器类 ItemCategoryController 中编写创建产品类别的方法,其代码如下所示。

```
//添加一个 ItemCategory 对象
public int addItemCategory(ItemCategory itemCategory)    {
    return this.itemCategoryService.addItemCategory(itemCategory);
}
```

3. 实现 Service 层

在业务逻辑类 ItemCategoryService 中编写 addItemCategory()方法,其代码如下所示。

```
//添加一个 ItemCategory 对象
public int addItemCategory(ItemCategory itemCategory){
    //处理具体的业务逻辑
    //1. 要验证"类别名称"是否存在
    ItemCategory resultItemCategory = this.itemCategoryDao
            .findByCateName(itemCategory.getCateName());
    System.out.println(resultItemCategory);
    if(resultItemCategory! = null){//表示这个名称已经存在
        return 0;//结束方法执行,立即返回 0
    }else{
        //2. 执行保存
        int row = itemCategoryDao.addItemCategory(itemCategory);
        return row;
    }
}
```

4. 实现 DAO 层

在 DAO 层 ItemCategoryDao 类中编写 findByCateName()与 addItemCategory()方法,代码如下所示。

```
//根据类别名称查询类别
public ItemCategory findByCateName(String cateName){
    ItemCategory itemCategory = null;
    //1. 取得连接
    Connection conn = JDBCUtils.getConnection();
    Statement st = null;
    ResultSet rs = null;
    try{
        //2. 获取 SQL 执行器
        st = conn.createStatement();
        //3. 封装 SQL 语句
```

```java
            String strSQL = "select * from ItemCategory where cateName = '"
                    + cateName + "'";
            System.out.print(strSQL);
            //4. 执行查询,获取结果集
            rs = st.executeQuery(strSQL);
            //5. 封装结果集
            if(rs.next()){
                itemCategory = new ItemCategory();
                itemCategory.setCid(rs.getInt("cid"));
                itemCategory.setCateName(rs.getString("cateName"));
            }
            rs.close();
            st.close();
        } catch (SQLException e){
            //TODO Auto-generated catch block
            e.printStackTrace();
        }
        return itemCategory;
    }
    //添加类别
    public int addItemCategory(ItemCategory itemCategory){
        Connection conn = JDBCUtils.getConnection();
        Statement st = null;
        int row = 0;
        try{
            st = conn.createStatement();
            String strSQL = "insert into itemCategory(catename) values('"
                    + itemCategory.getCateName() + "')";
            System.out.print(strSQL);
            row = st.executeUpdate(strSQL);
            //关闭资源
            st.close();
        } catch (SQLException e){
            e.printStackTrace();
```

5. 测试添加产品类别功能

至此,添加产品类别的实现代码已经编写完成。运用该项目,进入产品类别管理页面,单击"添加"按钮,填写产品类别信息,如图 2-8 所示。

图 2-8 添加产品类别窗口

单击图 2-8 中的"确定"按钮后,如果程序正确执行,则会弹出"保存成功!"的弹出窗口,再次单击"确定"后,会刷新产品类别管理窗体的类别信息,如图 2-9 所示。

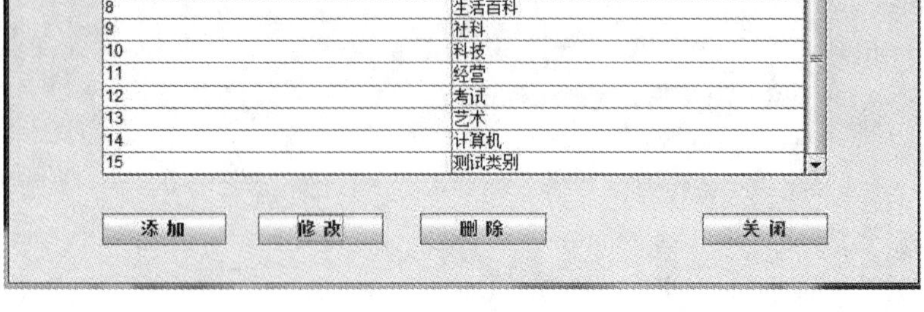

图 2-9 查看产品类别

从图 2-9 可以看出,新创建的产品类别"测试类别"的信息已正确查询出来,可知产品类别的添加功能已成功实现。

2.6.3 修改产品类别

在产品类别管理窗体选中某行产品类别,点击"修改"按钮,会弹出修改类别窗体,如图 2-10 所示。

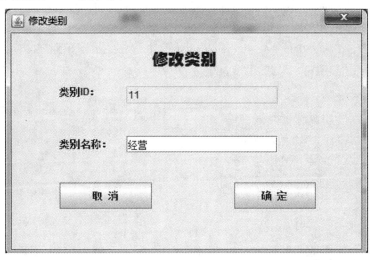

图 2-10 修改类别窗体

1. 窗体代码

(1)在 view 包中,创建 UpdateItemCategoryDialog 窗体,窗体借助 windowbuilder 插件和 Swing 技术实现窗体布局,代码如文件 2-9 所示。

文件 2-9 UpdateItemCategoryDialog.java

```
public class UpdateItemCategoryDialog extends JDialog {
    private final JPanel contentPanel = new JPanel();
    //"id"文本框
    private JTextField textField_1;
    //"名称"文本框
    private JTextField textField_2;
    //控制层对象
    private ItemCategoryController itemCategoryController
                    = new ItemCategoryController();
```

```java
//要修改的记录cid
private int cid;
public UpdateItemCategoryDialog(){
    setTitle("\u4FEE\u6539\u7C7B\u522B");
    setBounds(100,100,450,300);
    getContentPane().setLayout(new BorderLayout());
    contentPanel.setBorder(new EmptyBorder(5,5,5,5));
    getContentPane().add(contentPanel,BorderLayout.CENTER);
    contentPanel.setLayout(null);
    {
        JLabel label = new JLabel("\u5206\u7C7B\u540D\""
                +"u79F0\uFF1A");
        label.setBounds(60,123,68,25);
        contentPanel.add(label);
    }
    {
        JLabel lblXuig = new JLabel("\u4FEE\u6539\u7C7B\u522B");
        lblXuig.setHorizontalAlignment(SwingConstants.CENTER);
        lblXuig.setFont(new Font("华文琥珀",Font.PLAIN,20));
        lblXuig.setBounds(171,20,87,25);
        contentPanel.add(lblXuig);
    }
    textField_2 = new JTextField();
    textField_2.setBounds(143,125,187,21);
    contentPanel.add(textField_2);
    textField_2.setColumns(10);
    //取消按钮——点击后关闭本窗体
    JButton btnNewButton = new JButton("\u53D6\u6D88");
    btnNewButton.addActionListener(new ActionListener(){
        public void actionPerformed(ActionEvent e){
            //调用外部方法
            closeMe();
```

```java
            }
        });
        btnNewButton.setBounds(60, 181, 114, 32);
        contentPanel.add(btnNewButton);
        JButton btnNewButton_1 = new JButton("\u786E\u5B9A");
        btnNewButton_1.addActionListener(new ActionListener() {
            public void actionPerformed(ActionEvent e) {
                //调用外部方法
                updateItemCategory();
            }
        });
        btnNewButton_1.setBounds(276, 181, 101, 32);
        contentPanel.add(btnNewButton_1);
        JLabel lblid = new JLabel("\u5206\u7C7BID\uFF1A");
        lblid.setBounds(60, 64, 54, 15);
        contentPanel.add(lblid);
        textField_1 = new JTextField();
        textField_1.setEditable(false);
        textField_1.setBounds(143, 64, 187, 21);
        contentPanel.add(textField_1);
        textField_1.setColumns(10);
        //1. 设置对话框居中
        this.setLocationRelativeTo(null);
        //2. 设置对话框为一个模式对话框
        this.setModal(true);
    }
    public UpdateItemCategoryDialog(Integer cid) {
        //1. 调用无参构造方法
        this();
        //2. 接收参数 cid 的值
        this.cid = cid;
```

```
        this.textField_1.setText(cid+"");
        //3.执行查询,查询出要修改的数据,并回显
        ItemCategory itemCategory = this.itemCategoryController
                .findItemCategoryByCid(cid);
        //回显数据
        //"id"
        this.textField_1.setText(itemCategory.getCid()+"");
        //"名称"
        this.textField_2.setText(itemCategory.getCateName());
}
//确定按钮
protected void updateItemCategory(){
    //获取窗体数据
    //1.获取"类别名称"文本框的数据
    String cateName = this.textField_2.getText().trim();
    //2.判断"类别名称"是否已经存在
    //先验证"类别名称"是否填写
    if(cateName.length()==0){//没有填写类别名称项
        JOptionPane.showMessageDialog(this,"请填写类别名称项!");
        return;
    }
    //3.＊＊＊＊＊＊＊＊调用控制层,修改数据＊＊＊＊＊＊＊＊＊＊
    //将数据封装为JavaBean
    ItemCategory itemCategory = new ItemCategory();
    itemCategory.setCid(cid);
    itemCategory.setCateName(cateName);
    //调用控制层保存数据,并将JavaBean对象传递给控制层
    if(this.itemCategoryController.updateItemCategory(itemCategory)>0){
        JOptionPane.showMessageDialog(this,"保存成功!");
        //销毁自己
        this.dispose();
```

```
    } else {//可能是类别名称已经存在,也可能是添加时 row 的结果是 0
        JOptionPane.showMessageDialog(this,"保存数据时发生异常",
                +"可能是类别名称已经存在,请重试!");
        //直接返回
        return;
    }
}

//取消按钮
protected void closeMe(){
    //销毁自己
    this.dispose();
}
}
```

（2）在 ItemCategoryMngDialog.java 的 ItemCategoryMngDialog() 方法内添加如下代码。

```
//为表格添加鼠标事件监听
table.addMouseListener(new MouseAdapter(){
    @Override
    public void mouseClicked(MouseEvent e){
        if (e.getButton() == 1 //鼠标左键
                && e.getClickCount() >= 2){//双击
            updateItemCategory();
        }
    }
});
```

在 ItemCategoryMngDialog.java 内创建 updateItemCategory() 方法,内容如下。

```
//修改按钮事件
protected void updateItemCategory(){
    //1. 获取 JTable 中的选择行
```

```
int row = this.table.getSelectedRow();
//判断是否选择了行
if ( row == -1) {
    JOptionPane.showMessageDialog(this,"请选择要修改的数据!");
    return;
}
/* 2. 获取选中行的第一列(序号)的值(这个值用于查询这条
 * 数据,并显示在修改窗体中) */
Object cid = this.table.getValueAt(row, 0);
//3. 打开"修改界面",并将序号列的值传到这个窗体中
new UpdateItemCategoryDialog(Integer.parseInt(cid.toString()))
        .setVisible(true);
//4. 修改后,刷新列表
queryItemCategory();
```

2. 实现 Controller 层

在控制器类 ItemCategoryController 中编写 findItemCategoryByCid( ) 和 updateItemCategory( )方法,代码如下所示。

```
//通过 id 查询一条记录
public ItemCategory findItemCategoryByCid(int cid) {
    return this.itemCategoryService.findItemCategoryByCid(cid);
}
//修改一个 ItemCategory 对象
public int updateItemCategory(ItemCategory itemCategory) {
    return this.itemCategoryService.updateItemCategory(itemCategory);
}
```

3. 实现 Service 层

在业务逻辑类 ItemCategoryService 中编写 findItemCategoryByCid( ) 和 updateItemCategory( )方法,代码如下所示。

```java
//修改
public int updateItemCategory(ItemCategory itemCategory){
    //1. 先查询这个修改名称是否重复
    ItemCategory resultItemCategory = this.itemCategoryDao
            .findByCateNameAndNotId(itemCategory.getCateName(),
                    itemCategory.getCid());
    if(resultItemCategory != null){
    //如果cateName记录已存在,则不允许修改为这个名称
        return 0;
    }
    //2. 执行修改
    return itemCategoryDao.updateItemCategory(itemCategory);
}
//通过id查询一条记录
public ItemCategory findItemCategoryByCid(Integer cid){
    return itemCategoryDao.findItemCategoryByCid(cid);
}
```

4. 实现DAO层

在DAO层ItemCategoryDao类中编写findItemCategoryByCid( )和updateItemCategory( )方法,代码如下所示。

```java
//修改一条记录
public int updateItemCategory(ItemCategory itemCategory){
    Connection conn = JDBCUtils.getConnection();
    Statement st = null;
    int row = 0;
    try{
        //获取SQL执行器
        st = conn.createStatement();
        //封装SQL语句
        String strSQL = "update  itemCategory set catename = '"
                + itemCategory.getCateName() + "' where cid = "
```

```java
                + itemCategory.getCid();
        System.out.println(strSQL);
        //执行SQL语句
        row = st.executeUpdate(strSQL);
        //关闭资源
        st.close();
    } catch (SQLException e) {
        e.printStackTrace();
    }
    return row;
};
//通过id查询一条数据
public ItemCategory findItemCategoryByCid(Integer cid) {
    ItemCategory itemCategory = null;
    //step1:取得连接
    Connection conn = JDBCUtils.getConnection();
    Statement st = null;
    ResultSet rs = null;
    try {
        //step2:获取SQL执行器
        st = conn.createStatement();
        //step3:封装SQL语句
        String strSQL = "select * from ItemCategory where cid = " + cid;
        //step4:执行查询,获取结果集
        rs = st.executeQuery(strSQL);
        //step5:封装结果集
        if (rs.next()) {
            itemCategory = new ItemCategory();
            String catename = rs.getString("catename");
            itemCategory.setCid(cid);
            itemCategory.setCateName(catename);
        }
```

```
            rs. close( );
            st. close( );
        } catch (SQLException e) {
            //TODO Auto-generated catch block
            e.printStackTrace( );
        }
        return itemCategory;
    }
};
```

5．测试修改产品类别功能

至此,修改产品类别的实现代码编写完成。项目运行后,进入产品类别管理窗体,点选类别名称"测试类别",再单击"修改"按钮,填写修改信息,如图2-11所示。

图2-11　修改类别窗体

再次单击"确定",会刷新产品类别管理窗体信息,如图2-12所示。

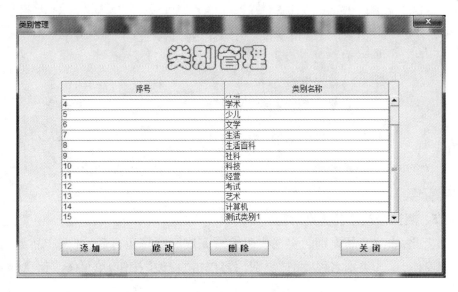

图 2-12　产品类别信息

从图 2-12 可以看出，产品类别的修改功能已成功实现。

2.6.4　删除产品类别

在产品类别管理窗体选中某行产品类别，再点击工具栏的"删除"按钮，会弹出删除确认框，如图 2-13 所示。

图 2-13　删除确认框

单击"是"按钮，即可执行删除产品类别操作。接下来将对删除产品类别功能的实现进行详述，具体步骤如下：

1. 窗体代码

在 ItemCategoryMngDialog.java 的 ItemCategoryMngDialog( ) 方法内添加如下代码。

```java
button_2.addActionListener(new ActionListener(){
        public void actionPerformed(ActionEvent e){
            //调用外部方法
            deleteItemCategory();
        }
});
```

在 ItemCategoryMngDialog.java 内创建 deleteItemCategory( )方法,内容如下:

```java
//删除某条数据
protected void deleteItemCategory(){
    //1. 获取"JTable"中数据的选择行
    int selectedRow = this.table.getSelectedRow();
    //测试打印
    //JOptionPane.showMessageDialog(this,"你选择了第:"+ selectedRow +"行");
    //判断:JTable 中是否选择了行
    if(selectedRow == -1){//未选择行
        JOptionPane.showMessageDialog(this,"请选择要删除的数据!");
        return;
    }
    //确认提示:你确定要删除这条数据吗?
    int value = JOptionPane.showConfirmDialog(this,"你确定要删除这"
                                    +"条数据吗?");
    //value=0 表示"是",若 value 为其他值则表示"取消"
    if(value != 0){//取消操作
        return;//什么都不做,直接结束方法
    }
    //2. ************执行删除****************
    //获取选中行的"第一列"数据(序号→对应数据库中的 cid 字段)
    Object cid = table.getValueAt(selectedRow, 0);
    //调用控制层执行删除动作
```

```
//将 cid 转换为 int 类型
//Object→转换为 String→int 类型
int intId = Integer. parseInt( cid. toString( ) ) ;
if ( this. itemCategoryController. deleteItemCategoryByCid( intId ) == 0 ) {
    //判断删除是否失败,如果失败,则执行下面操作
    JOptionPane
            . showMessageDialog( this ,
                    "删除数据时发生错误,数据可能未被删除,可能的"
                    + "原因是数据已被产品信息使用。请重试,如果问"
                    + "题仍然存在,请联系系统管理员!");
    return;
}
//3. 刷新列表
queryItemCategory( ) ;
}
```

2. 实现 Controller 层

在控制器类 ItemCategoryController 中编写 deleteItemCategoryByCid( ) 方法,其代码如下所示。

```
//通过 id,删除一条记录
public int deleteItemCategoryByCid( int cid )    {
    return this. itemCategoryService. deleteItemCategoryByCid( cid ) ;
}
```

3. 实现 Service 层

在业务逻辑类 ItemCategoryService 中编写 deleteItemCategoryByCid( ) 方法,其代码如下所示。

```
//删除
public int deleteItemCategoryByCid( Integer cid ) {
    //验证这个 ItemCategory 对象是否被使用——要查询 item 表
    Item item = this. itemDao. findItemByCid( cid ) ;
```

```
        if(item！=null){//这条记录已经被Item表使用,禁止删除
            return 0;
        }
        return itemCategoryDao.deleteItemCategoryByCid(cid);
    }
```

4. 实现 DAO 层

(1)在 dao 包中创建 ItemDao 类,在 ItemDao 中编写 findItemByCid( )方法,代码如下:

```
public Item findItemByCid(Integer cid) {
    Item item = null;
    // step1:取得连接
    Connection conn = JDBCUtils.getConnection();
    PreparedStatement pstm = null;
    ResultSet rs = null;
    try {
        //step2:封装 SQL 语句
        String strSQL = "SELECT  * from item where cid = ?";
        //step3:获取 SQL 预编译执行器
        pstm = conn.prepareStatement(strSQL);
        //step4:给？号赋值
        pstm.setInt(1, cid);
        //step5:执行查询,获取结果集
        rs = pstm.executeQuery();
        //step6:定义集合,封装结果集
        if(rs.next()) {
            item = new Item();
            item.setCid(rs.getInt("cid"));
            item.setCreatetime(rs.getDate("createtime"));
            item.setDescription(rs.getString("description"));
            item.setId(rs.getInt("id"));
            ItemCategory itemCategory = new ItemCategory();
```

```
                    itemCategory.setCateName(rs.getString("catename"));
                    item.setItemCategory(itemCategory);
                    item.setName(rs.getString("name"));
                    item.setPnum(rs.getInt("pnum"));
                    item.setPrice(rs.getDouble("price"));
                    return item;
                }
                rs.close();
                pstm.close();
            } catch (SQLException e) {
                //TODO Auto-generated catch block
                e.printStackTrace();
            }
            return null;
        }
    }
```

(2)在 ItemCategoryDao 类中编写 deleteItemCategoryByCid( )方法,其代码如下所示。

```
//通过 id 删除一条记录
    public int deleteItemCategoryByCid(Integer cid){
        Connection conn = JDBCUtils.getConnection();
        Statement st = null;
        int row = 0;
        try{
            //获取 SQL 执行器
            st = conn.createStatement();
            //封装 SQL 语句
            String strSQL = "delete from  itemCategory where cid = " + cid;
            //执行 SQL 语句
            row = st.executeUpdate(strSQL);
```

```
        //关闭资源
        st.close();
    }catch(SQLException e){
        e.printStackTrace();
    }
    return row;
};
```

至此,删除产品类别的实现代码编写完成。

2.7 产品管理模块

产品管理模块主要包含对产品的查询、添加、修改和删除功能。接下来将对这几个功能的实现进行详细阐述。

2.7.1 查询产品

在欢迎窗体点击"产品管理"进入产品管理窗体,如图2-14所示。可以看到,表格中显示了产品信息。

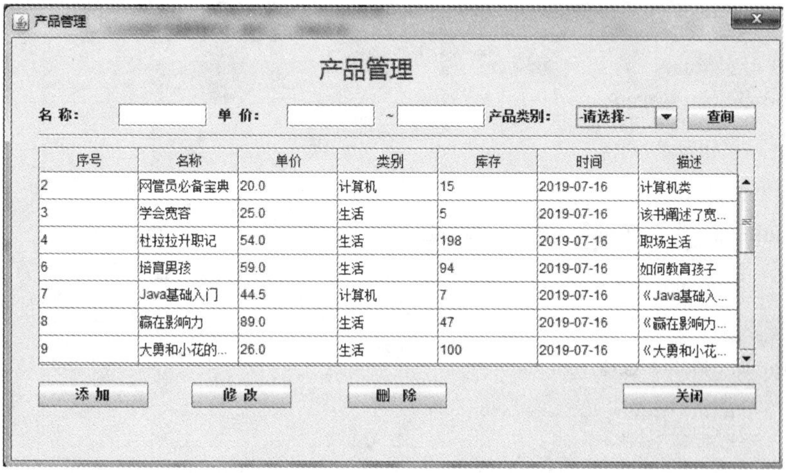

图2-14 "产品管理"窗体

1. 创建实体类

(1)在domain包中创建实体类Item,如文件2-10所示。

文件 2-10 Item.java

```java
public class Item {
    private Integer id;                  //产品 id
    private String name;                 //产品名称
    private double price;                //产品价格
    private Date createtime;             //产品创建时间
    private Integer  cid;                //产品类别
    private ItemCategory  itemCategory;
    private String description;          //产品描述
    private int pnum;                    //数量
    private String imgurl;               //图片位置
    //提供 get/set 方法
    public Integer getId() {
        return id;
    }
    public void setId(Integer id) {
        this.id = id;
    }
    public String getName() {
        return name;
    }
    public void setName(String name) {
        this.name = name;
    }
    public double getPrice() {
        return price;
    }
    public void setPrice(double price) {
        this.price = price;
    }
    public Date getCreatetime() {
```

```java
        return createtime;
    }
    public void setCreatetime(Date createtime){
        this.createtime = createtime;
    }
    public Integer getCid(){
        return cid;
    }
    public void setCid(Integer cid){
        this.cid = cid;
    }
    public ItemCategory getItemCategory(){
        return itemCategory;
    }
    public void setItemCategory(ItemCategory itemCategory){
        this.itemCategory = itemCategory;
    }
    public String getDescription(){
        return description;
    }
    public void setDescription(String description){
        this.description = description;
    }
    public int getPnum(){
        return pnum;
    }
    public void setPnum(int pnum){
        this.pnum = pnum;
    }
    public String getImgurl(){
        return imgurl;
    }
```

```java
public void setImgurl(String imgurl){
    this.imgurl = imgurl;
}
//提供toString方法
@Override
public String toString(){
    return "Item [id = " + id + ", name = " + name + ", price = " + price
        + ", createtime = " + createtime + ", itemCategory = "
        + itemCategory + ", description = " + description + ", pnum = "
        + pnum + ", imgurl = " + imgurl + "]";
}
public Item(){
    super();
    //TODO Auto-generated constructor stub
}
```

(2) 在 domain 包中创建实体类 QueryForm,如文件 2-11 所示。

文件 2-11　QueryForm.java

```java
public class QueryForm{
    private Item item;
    private String minPrice;
    private String maxPrice;
    public QueryForm(Item item){
        super();
        this.item = item;
    }
    public QueryForm(){
        super();
    }
    public void setItem(Item item){
        this.item = item;
    }
    public void setMaxPrice(String maxPrice){
    public Item getItem(){
```

```
            return item;
    }
    public String getMinPrice() {
            return minPrice;
    }
    public void setMinPrice(String minPrice) {
            this.minPrice = minPrice;
    }
    public String getMaxPrice() {
            return maxPrice;
    }

            this.maxPrice = maxPrice;
    }
}
```

2. 窗体代码

在 view 包中,创建 ItemMngDialog 窗体,产品管理窗体借助 windowbuilder 插件和 Swing 技术实现窗体布局,代码如文件 2-12 所示。

文件 2-12　ItemMngDialog.java

```java
public class ItemMngDialog extends JDialog {
    private final JPanel contentPanel = new JPanel();
    //"名称"文本框
    private JTextField textField;
    //"最低价格"文本框
    private JTextField textField_1;
    //"最高价格"文本框
    private JTextField textField_2;
    //表格组件
    private JTable table;
    //"产品类别"下拉列表
    private JComboBox comboBox_1 = new JComboBox();
    //控制层对象
    private ItemController itemController = new ItemController();
```

```java
        private ItemCategoryController itemCategoryController
                                    = new ItemCategoryController();
public ItemMngDialog(){
        setTitle("\u4EA7\u54C1\u7BA1\u7406");
        setBounds(100,100,734,425);
        getContentPane().setLayout(new BorderLayout());
        contentPanel.setBorder(new EmptyBorder(5,5,5,5));
        getContentPane().add(contentPanel,BorderLayout.CENTER);
        contentPanel.setLayout(null);
        JLabel label = new JLabel("\u4EA7\u54C1\u7BA1\u7406");
        label.setForeground(Color.RED);
        label.setFont(new Font("微软雅黑",Font.PLAIN,22));
        label.setBounds(287,10,145,33);
        contentPanel.add(label);
        JLabel label_1 = new JLabel("\u540D   \u79F0\uFF1A");
        label_1.setBounds(25,63,65,15);
        contentPanel.add(label_1);
        textField = new JTextField();
        textField.setBounds(100,60,83,21);
        contentPanel.add(textField);
        textField.setColumns(10);
        JLabel label_2 = new JLabel("\u5355   \u4EF7\uFF1A");
        label_2.setBounds(193,63,65,15);
        contentPanel.add(label_2);
        textField_1 = new JTextField();
        textField_1.setBounds(257,60,83,21);
        contentPanel.add(textField_1);
        textField_1.setColumns(10);
        textField_2 = new JTextField();
        textField_2.setColumns(10);
        textField_2.setBounds(360,60,83,21);
        contentPanel.add(textField_2);
```

```java
JLabel label_3 = new JLabel("~");
label_3.setBounds(350, 63, 16, 15);
contentPanel.add(label_3);
JLabel label_4 = new JLabel("\u4EA7\u54C1\u7C7B\u522B\uFF1A");
label_4.setBounds(446, 63, 74, 15);
contentPanel.add(label_4);
comboBox_1.setBounds(527, 60, 94, 21);
contentPanel.add(comboBox_1);
JButton button = new JButton("\u67E5\u8BE2");
//查询按钮事件处理
button.addActionListener(new ActionListener() {
    public void actionPerformed(ActionEvent e) {
        //调用外部方法
        queryItem();
    }
});
button.setBounds(631, 59, 65, 23);
contentPanel.add(button);
JSeparator separator = new JSeparator();
separator.setBounds(25, 88, 671, 2);
contentPanel.add(separator);
JScrollPane scrollPane = new JScrollPane();
scrollPane.setBounds(25, 100, 671, 201);
contentPanel.add(scrollPane);
table = new JTable();
table.setRowHeight(25);
table.setModel(new DefaultTableModel(new Object[][] {
        { null, null, null, null, null, null },
        { null, null, null, null, null, null },
        { null, null, null, null, null, null },
        { null, null, null, null, null, null },
        { null, null, null, null, null, null }, }, new String[] {
```

```
            "\u5E8F\u53F7", "\u540D\u79F0", "\u4EF7\u683C",
            "\u5206\u7C7B", "\u5E93\u5B58",
            "\u751F\u4EA7\u65F6\u95F4", "\u8BF4\u660E"}));
```

```java
scrollPane.setViewportView(table);
//添加按钮
JButton button_1 = new JButton("\u6DFB    \u52A0");
button_1.setBounds(25, 315, 103, 23);
contentPanel.add(button_1);
//修改按钮
JButton button_2 = new JButton("\u4FEE    \u6539");
button_2.setBounds(168, 315, 93, 23);
contentPanel.add(button_2);
//删除按钮
JButton button_3 = new JButton("\u5220    \u9664");
button_3.setBounds(314, 315, 93, 23);
contentPanel.add(button_3);
//关闭按钮
JButton button_4 = new JButton("\u5173\u95ED");
button_4.addActionListener(new ActionListener() {
    public void actionPerformed(ActionEvent e) {
        //调用外部方法
        closeMe();
    }
});
button_4.setBounds(571, 315, 125, 23);
contentPanel.add(button_4);
/** 设置信息 **/
//本窗体居中显示
this.setLocationRelativeTo(null);
//执行查询,给表格填充数据
queryItem();
```

```java
    //设置表格只能选择单行
    table.setSelectionMode(ListSelectionModel.SINGLE_SELECTION);
    //设置表格列不能拖动,交换位置
    table.getTableHeader().setReorderingAllowed(false);
    //调用外部方法——将产品类别数据填充到下拉列表框
    fillCombox();
}
//将产品类别数据填充到下拉列表框
private void fillCombox(){
    List<ItemCategory> itemCategoryList = this.itemCategoryController
            .findAll();
    String[] itemArray = new String[itemCategoryList.size()+1];
    itemArray[0] = "-请选择-";
    //遍历集合——填充数组
    for(int i=0;i<itemCategoryList.size();i++){
        ItemCategory itemCategory = itemCategoryList.get(i);
        itemArray[i+1] = itemCategory.getCateName();
    }
    //将数组中的数据添加到下拉列表中
    comboBox_1.setModel(new DefaultComboBoxModel(itemArray));
}


//查询按钮的事件处理
protected void queryItem(){
    //1.接收窗体数据************************
    //接收"名称"
    String name = this.textField.getText();
    //接收"单价"
    String minPrice = this.textField_1.getText();
    String maxPrice = this.textField_2.getText();
    //接收"产品类别"
    String cateName = this.comboBox_1.getSelectedItem()==null?""
```

```java
            : this.comboBox_1.getSelectedItem().toString();
//2. 封装前端 Bean************************
QueryForm queryForm = new QueryForm();
Item item = new Item();
item.setName(name);
ItemCategory itemCategory = itemCategoryController
        .findItemCategoryByCateName(cateName);
item.setItemCategory(itemCategory);
queryForm.setItem(item);
queryForm.setMinPrice(minPrice);
queryForm.setMaxPrice(maxPrice);
//3. 调用控制层
List<Item> itemList = this.itemController
        .findItemByCondition(queryForm);
//4. 将集合中的数据封装成 String[][]的二维数组
Object[][] objArray = new Object[itemList.size()][7];
for(int i=0;i<itemList.size();i++){
    Item tmp = itemList.get(i);
    objArray[i][0] = tmp.getId();
    objArray[i][1] = tmp.getName();
    objArray[i][2] = tmp.getPrice();
    objArray[i][3] = tmp.getItemCategory().getCateName();
    objArray[i][4] = tmp.getPnum();
    objArray[i][5] = tmp.getCreatetime();
    objArray[i][6] = tmp.getDescription();
}
//5. 显示到表格中
table.setModel(new DefaultTableModel(objArray, new String[]
        {"序号","名称","单价","类别","库存","时间","描述"}));
}
//关闭按钮
```

```
protected void closeMe( ){
    this.dispose( );
}
}
```

3. 实现 Controller 层

在 controller 包中创建 ItemController 类,代码如文件 2-13 所示。

文件 2-13 ItemController.java

```
public class ItemController {
    //多个方法都能访问的对象
    private ItemService itemService = new ItemService( );
    //多条件查询
    public List < Item > findItemByCondition( QueryForm queryForm) {
        //直接调用业务层
        return itemService.findItemByCondition( queryForm) ;
    }
}
```

4. 实现 Service 层

在 service 包中创建 ItemService 类,代码如文件 2-14 所示。

文件 2-14 ItemService.java

```
public class ItemService {
    private ItemDao  itemDao = new ItemDao( );
    //按条件查询
    public List < Item >   findItemByCondition( QueryForm queryForm) {
        return this.itemDao.findItemByCondition( queryForm) ;
    }
}
```

5. 实现 DAO 层

在 dao 包中创建 ItemDao 类,代码如文件 2-15 所示。

文件2-15　ItemDao.java

```java
public class ItemDao {
    public List < Item > findItemByCondition( QueryForm queryForm) {
        List < Item > list = new ArrayList < Item > ( ) ;
        //1. 取得连接
        Connection conn = JDBCUtils.getConnection( ) ;
        Statement st = null;
        ResultSet rs = null;
        try {
            //2. 获取SQL执行器
            st = conn.createStatement( ) ;
            //3. 封装SQL语句
            String strSQL = "SELECT    a.id,a.name,a.'price',a.'description',"
                + "a.'createtime',a.'pnum',a.'cid',b.'cateName' "
                + " FROM    item a    INNER JOIN itemCAtegory b"
                + "ON    a.cid = b.'cid' "
                + " where 1 = 1 ";
            //判断"名称"是否填写
            if( !"".equals( queryForm.getItem( ).getName( ) ) ) {
                strSQL + =" and a.name like '%" +
                                queryForm.getItem( ).getName( ) +"%'";
            }
            //判断"价格"是否填写
            if( !"".equals( queryForm.getMinPrice( ) )&&
                !"".equals( queryForm.getMaxPrice( ) ) ) {
                strSQL + =" and    a.price between '"
                    + queryForm.getMinPrice( ) +"' and '"
                    + queryForm.getMaxPrice( ) +"' ";
            }
            //判断"类别"是否已选
```

```java
            if(queryForm.getItem().getItemCategory()!=null &&
                queryForm.getItem().getItemCategory().getCid()
                !=999999){
                strSQL += " and a.cid = "
                        + queryForm.getItem().getItemCategory().getCid();
            }
            System.out.println(strSQL);
            //4.执行查询,获取结果集
            rs = st.executeQuery(strSQL);
            //5.定义集合,封装结果集
            while (rs.next()){
                Item item = new Item();
                item.setCid(rs.getInt("cid"));
                item.setCreatetime(rs.getDate("createtime"));
                item.setDescription(rs.getString("description"));
                item.setId(rs.getInt("id"));
                ItemCategory itemCategory = new ItemCategory();
                itemCategory.setCid(rs.getInt("cid"));
                itemCategory.setCateName(rs.getString("catename"));
                item.setItemCategory(itemCategory);
                item.setName(rs.getString("name"));
                item.setPnum(rs.getInt("pnum"));
                item.setPrice(rs.getDouble("price"));
                list.add(item);
            }
            rs.close();
            st.close();
            return list;
        } catch (SQLException e){
            //TODO Auto-generated catch block
            e.printStackTrace();
        }
```

```
            return null;
        }
}
```

6. 测试条件查询功能

启动欢迎窗体,点击进入到产品管理窗体,点击"查询"按钮,可查询出所有的产品信息,如图 2-15 所示。

图 2-15　产品信息列表显示

选择产品类别为"生活",价格区间在 20 ~ 30,再次单击"查询"按钮,查询结果如图 2-16 所示。

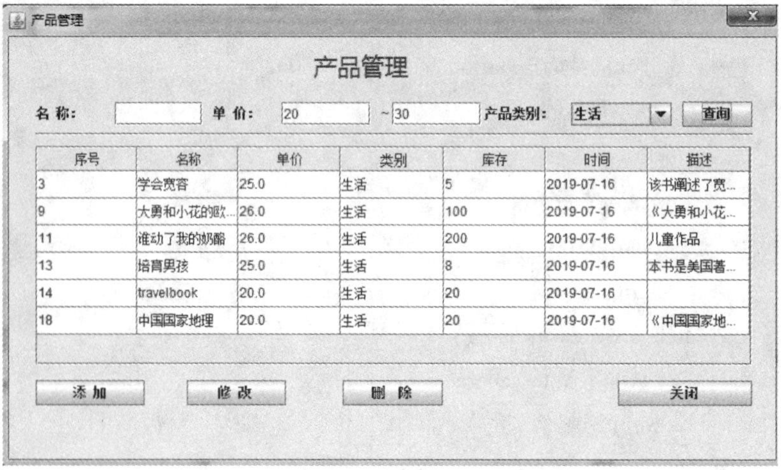

图 2-16　条件查询的产品信息列表显示

2.7.2 添加产品

单击图2-14"产品管理"窗体中的"添加"按钮,弹出如图2-17所示窗口。

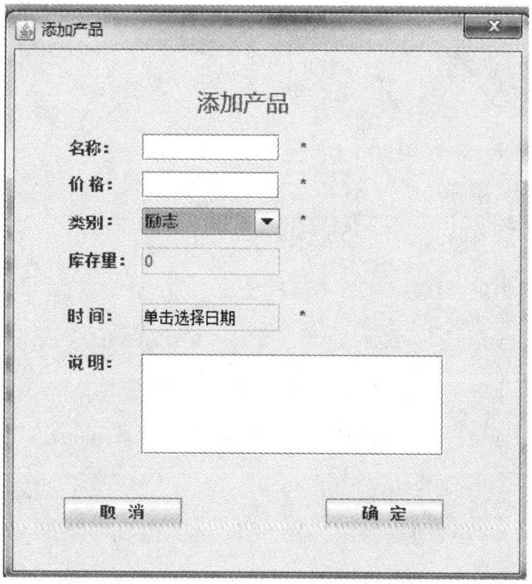

图2-17 "添加产品"窗体

1. 窗体代码

(1)在 view 包中,创建 AddItemDialog 窗体,借助 windowbuilder 插件和 Swing 技术实现窗体布局,代码如文件2-16所示。

文件2-16 AddItemDialog.java

```
public class AddItemDialog extends JDialog {
    private final JPanel contentPanel = new JPanel();
    //控制层对象
    private ItemController itemController = new ItemController();
    private ItemCategoryController itemCategoryController
                    = new ItemCategoryController();
    //"名称"文本框
    private JTextField textField_1;
    //"价格"文本框
    private JTextField textField_2;
    //"库存量"文本框
    private JTextField textField_3;
```

```java
//"时间"文本框
private JTextField textField_4;
//"说明"文本框
private JTextArea textArea = new JTextArea();
//"产品类别"下拉框
private JComboBox comboBox;
public AddItemDialog(){
    setTitle("\u6DFB\u52A0\u4EA7\u54C1");
    setBounds(100, 100, 415, 441);
    getContentPane().setLayout(new BorderLayout());
    contentPanel.setBorder(new EmptyBorder(5, 5, 5, 5));
    getContentPane().add(contentPanel, BorderLayout.CENTER);
    contentPanel.setLayout(null);
    JLabel label = new JLabel("\u6DFB\u52A0\u4EA7\u54C1");
    label.setForeground(Color.RED);
    label.setFont(new Font("微软雅黑", Font.PLAIN, 18));
    label.setBounds(144, 25, 108, 30);
    contentPanel.add(label);
    JLabel label_1 = new JLabel("\u540D\u79F0\uFF1A");
    label_1.setBounds(43, 69, 54, 15);
    contentPanel.add(label_1);
    JLabel label_2 = new JLabel("\u4EF7 \u683C\uFF1A");
    label_2.setBounds(43, 97, 54, 15);
    contentPanel.add(label_2);
    textField_2 = new JTextField();
    textField_2.setBounds(101, 94, 108, 21);
    contentPanel.add(textField_2);
    textField_2.setColumns(10);
    JLabel label_4 = new JLabel("\u65F6 \u95F4\uFF1A");
    label_4.setBounds(43, 199, 54, 15);
    contentPanel.add(label_4);
    JLabel label_5 = new JLabel("\u8BF4 \u660E\uFF1A");
```

```java
label_5.setBounds(43, 235, 54, 15);
contentPanel.add(label_5);
JButton button = new JButton("\u53D6\u6D88");
//取消按钮单击事件
button.addActionListener(new ActionListener(){
    public void actionPerformed(ActionEvent e){
        closeMe();
    }
});
button.setBounds(40, 346, 93, 23);
contentPanel.add(button);
JButton button_1 = new JButton("\u786E\u5B9A");
//确定按钮单击事件
button_1.addActionListener(new ActionListener(){
    public void actionPerformed(ActionEvent e){
        //调用外部方法
        addItem();
    }
});
button_1.setBounds(246, 346, 93, 23);
contentPanel.add(button_1);
JLabel label_6 = new JLabel("*");
label_6.setForeground(Color.RED);
label_6.setBounds(225, 69, 54, 15);
contentPanel.add(label_6);
JLabel label_7 = new JLabel("*");
label_7.setForeground(Color.RED);
label_7.setBounds(225, 125, 54, 15);
contentPanel.add(label_7);
JLabel label_8 = new JLabel("*");
label_8.setForeground(Color.RED);
label_8.setBounds(225, 97, 54, 15);
```

```
contentPanel.add(label_8);
JLabel label_10 = new JLabel("*");
label_10.setForeground(Color.RED);
label_10.setBounds(225, 199, 54, 15);
contentPanel.add(label_10);
JScrollPane scrollPane = new JScrollPane();
scrollPane.setBounds(101, 235, 238, 78);
contentPanel.add(scrollPane);
scrollPane.setViewportView(textArea);
textField_1 = new JTextField();
textField_1.setColumns(10);
textField_1.setBounds(101, 65, 108, 21);
contentPanel.add(textField_1);
JPanel panel = new JPanel();
panel.setLayout(null);
panel.setBorder(new EmptyBorder(5, 5, 5, 5));
panel.setBounds(0, 0, 399, 403);
contentPanel.add(panel);
JLabel label_3 = new JLabel("\u6DFB\u52A0\u4EA7\u54C1");
label_3.setForeground(Color.RED);
label_3.setFont(new Font("微软雅黑", Font.PLAIN, 18));
label_3.setBounds(144, 25, 108, 30);
panel.add(label_3);
JLabel label_9 = new JLabel("\u540D\u79F0\uFF1A");
label_9.setBounds(43, 69, 54, 15);
panel.add(label_9);
JLabel label_11 = new JLabel("\u5206 \u7C7B\uFF1A");
label_11.setBounds(43, 125, 54, 15);
panel.add(label_11);
comboBox = new JComboBox();
comboBox.setBounds(101, 122, 108, 21);
panel.add(comboBox);
```

```java
JLabel label_12 = new JLabel("\u4EF7\u683C\uFF1A");
label_12.setBounds(43, 97, 54, 15);
panel.add(label_12);
JLabel label_13 = new JLabel("\u65F6\u95F4\uFF1A");
label_13.setBounds(43, 199, 54, 15);
panel.add(label_13);
textField_4 = new JTextField();
textField_4.setText("\u5355\u51FB\u9009\u62E9\u65E5\u671F");
textField_4.setEditable(false);
textField_4.setColumns(10);
textField_4.setBounds(101, 196, 108, 21);
panel.add(textField_4);
JLabel label_14 = new JLabel("\u8BF4\u660E\uFF1A");
label_14.setBounds(43, 235, 54, 15);
panel.add(label_14);
JButton button_2 = new JButton("\u53D6    \u6D88");
button_2.setBounds(40, 346, 93, 23);
panel.add(button_2);
JButton button_3 = new JButton("\u786E    \u5B9A");
button_3.setBounds(246, 346, 93, 23);
panel.add(button_3);
JLabel label_15 = new JLabel("*");
label_15.setForeground(Color.RED);
label_15.setBounds(225, 69, 54, 15);
panel.add(label_15);
JLabel label_16 = new JLabel("*");
label_16.setForeground(Color.RED);
label_16.setBounds(225, 125, 54, 15);
panel.add(label_16);
JLabel label_17 = new JLabel("*");
label_17.setForeground(Color.RED);
label_17.setBounds(225, 97, 54, 15);
```

```
panel.add(label_17);
JLabel label_18 = new JLabel("*");
label_18.setForeground(Color.RED);
label_18.setBounds(225, 199, 54, 15);
panel.add(label_18);
JScrollPane scrollPane_1 = new JScrollPane();
scrollPane_1.setBounds(101, 235, 238, 78);
panel.add(scrollPane_1);
JLabel label_19 = new JLabel("\u5E93\u5B58\u91CF\uFF1A");
label_19.setBounds(43, 156, 54, 15);
panel.add(label_19);
textField_3 = new JTextField();
textField_3.setText("0");
textField_3.setEditable(false);
textField_3.setColumns(10);
textField_3.setBounds(101, 153, 108, 21);
panel.add(textField_3);
//1.窗体居中
this.setLocationRelativeTo(null);
//2.设置日期组件
DateChooser.getInstance().register(this.textField_4);
//3.设置为模式窗体
this.setModal(true);
//4.调用外部方法,将产品类别数据填充到下拉列表框
fillCombox();
}
//产品类别数据填充到下拉列表框
private void fillCombox(){
    List<ItemCategory> itemCategoryList =
                    this.itemCategoryController.findAll();
    String[] itemArray = new String[itemCategoryList.size()];
    //遍历集合——填充数组
```

```java
        for(int i = 0; i < itemCategoryList.size(); i++){
            ItemCategory itemCategory = itemCategoryList.get(i);
            itemArray[i] = itemCategory.getCateName();
        }
        //将数组中的数据添加到下拉列表中
        comboBox.setModel(new DefaultComboBoxModel(itemArray));
}
protected void closeMe(){
        this.dispose();
}
protected void addItem(){
        //1. 获取窗体数据************************
        //获取"名称"
        String name = this.textField_1.getText().trim();
        if("".equals(name)){
            JOptionPane.showMessageDialog(this,"请填写名称!");
            return;
        }
        //获取"价格"
        String price = this.textField_2.getText().trim();
        if("".equals(price)){
            JOptionPane.showMessageDialog(this,"请填写价格!");
            return;
        }
        //验证是否是有效的金额
        /* 必须全部是数字;如果有小数点,只能有1个;
        /* 如果有小数,只能有两位小数 */
        //假如输入100.22 或 100.22.33 或 100a
        if("".equals(price)){//不能是空字符串
            JOptionPane.showMessageDialog(this,"请填写单价!");
            return;
        }
```

```java
        for(int i=0;i<price.length();i++){//只能包含数字和"."
            char c = price.charAt(i);
            if((c<'0'||c>'9')&& c!='.'){
                JOptionPane.showMessageDialog(this,"非法的单价!");
                return;
            }
        }
        if(price.contains(".")){//100.22.33,100.22,
            //第一次查询"."
            int index = price.indexOf(".");
            //price.indexOf(".")→返回:3
            //第二次查询"."
            //从3+1的位置开始找"."
            index = price.indexOf(".", index+1);
            //判断,如果第二次查到".",则认为该单价非法
            if(index!=-1){//例如,100.22.33,在这里验证失败
                JOptionPane.showMessageDialog(this,"非法的单价!");
                return;
            }
            //判断是否是两位小数或1位小数
            String subStr = price.substring(price.indexOf(".")+1);
            //截取字符串,从第一个小数点开始
            //截取到末尾
            if(subStr.length()>2){
                JOptionPane.showMessageDialog(this,"单价只能有两位小数!");
                return;
            }
        }
        //获取"产品类别"
        String cateName = this.comboBox.getSelectedItem().toString();
        if("-请选择-".equals(cateName)){
            JOptionPane.showMessageDialog(this,"请选择类别!");
```

```java
            return;
    }
    //获取"库存"
    String pnum = this.textField_3.getText().trim();
    //此栏位不可输入,默认为0
    //获取"时间"
    String createtime = this.textField_4.getText();
    if ("单击选择日期".equals(createtime)){
        JOptionPane.showMessageDialog(this,"请选择日期!");
        return;
    }
    //获取"描述"——不需要验证
    String description = this.textArea.getText();
    //2. 封装实体Bean************************
    Item item = new Item();
    SimpleDateFormat format = new SimpleDateFormat("yyyy-MM-dd");
    Date d = null;
    try {
        d = (Date)format.parseObject(createtime);
    } catch (ParseException e) {
        //TODO Auto-generated catch block
        e.printStackTrace();
    }
    item.setCreatetime(d);
    item.setDescription(description);
    ItemCategory itemCategory = this.itemCategoryController
            .findItemCategoryByCateName(cateName);
    item.setItemCategory(itemCategory);
    item.setCid(itemCategory.getCid());
    item.setName(name);
    item.setPnum(Integer.parseInt(pnum));
    item.setPrice(Double.parseDouble(price));
```

```
    //3. 调用控制层,添加数据
    if(this.itemController.addItem(item)>0){
        JOptionPane.showMessageDialog(this,"添加成功!");
        //销毁自己
        this.dispose();
    }else{
        JOptionPane.showMessageDialog(this,"在添加数据时发生错误,"
                                            +"请重试!");
        return;
    }
}
```

（2）在ItemMngDialog.java的ItemMngDialog()方法内添加如下代码。

```
//添加按钮
button_1.addActionListener(new ActionListener(){
    public void actionPerformed(ActionEvent e){
        //打开AddItemDialog窗体
        new AddItemDialog().setVisible(true);
        //重新执行当前查询,并刷新列表
        queryItem();
    }
});
```

2. 实现 Controller 层

在ItemController中编写添加产品的方法,代码如下所示。

```
//添加一个Item对象
public int addItem(Item item){
    return this.itemService.addItem(item);
}
```

3. 实现 Service 层

在业务逻辑类ItemService中编写addItem()方法,代码如下所示。

```
//添加
public int addItem(Item item){
    return this.itemDao.addItem(item);
};
```

4. 实现 DAO 层

在 DAO 层 ItemDao 类中编写 addItem()方法,代码如下所示。

```
//添加
public int addItem(Item item){
    Connection conn = JDBCUtils.getConnection();
    Statement st = null;
    int row = 0;
    try{
        st = conn.createStatement();
        //日期转字符串格式
        SimpleDateFormat formatter;
        formatter = new SimpleDateFormat("yyyy-MM-dd");
        String createtimeStr = formatter.format(item.getCreatetime());
        //封装 SQL 语句
        String strSQL = "insert into item (name,price,description,"
            +"createtime,cid) values('"
            + item.getName()
            + "','"
            + item.getPrice()
            + "','"
            + item.getDescription()
            + "','"
            + createtimeStr
            + "','"
            + item.getCid() + ")";
        System.out.println(strSQL);
        //执行,获取受影响的记录行数
```

```
            row = st.executeUpdate(strSQL);
            //关闭资源
            st.close();
        } catch (SQLException e) {
            e.printStackTrace();
        }
        return row;
    };
```

5. 测试添加产品功能

至此,添加产品的实现代码就已经编写完成。运用该项目,进入产品管理页面,单击"添加"按钮,在弹出的"添加产品"窗体中填写产品信息,如图 2-18 所示。

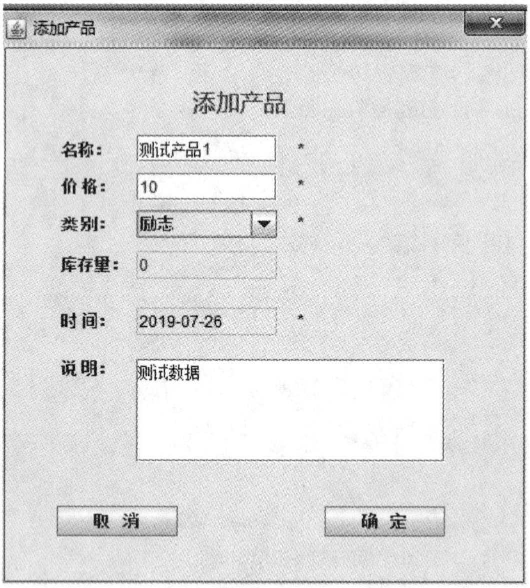

图 2-18 添加产品信息

单击图 2-18 中的"确定"按钮,如果程序正确执行,则会弹出"添加成功!"的弹出窗口,再次单击"确定",会刷新产品管理窗体的产品信息,如图 2-19 所示。

图 2-19 查看产品

从图 2-19 可以看出,新创建的产品"测试产品 1"的信息已正确查询出来,产品的添加功能已成功实现。

2.7.3 修改产品

在"产品管理"窗体选中某行产品,点击"修改"按钮,会弹出"修改产品"窗体,如图 2-20 所示。

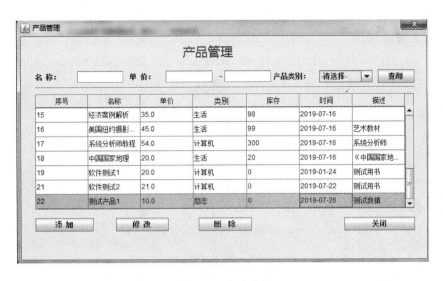

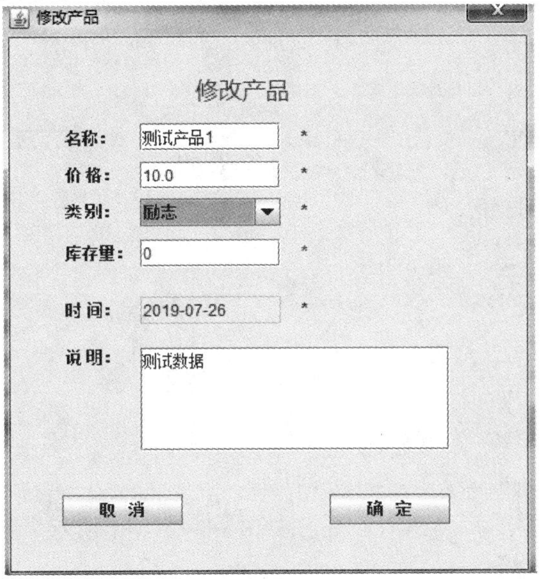

图 2-20 "修改产品"窗体

1. 窗体代码

（1）在 view 包中，创建 UpdateItemDialog 窗体，窗体借助 windowbuilder 插件和 Swing 技术实现窗体布局，代码如文件 2-17 所示。

文件 2-17　UpdateItemDialog.java

```java
public class UpdateItemDialog extends JDialog {
    private final JPanel contentPanel = new JPanel();
    //控制层对象
    private ItemController itemController = new ItemController();
    private ItemCategoryController itemCategoryController
                    = new ItemCategoryController();
    //"id"文本框
    private JTextField textField_0;
    //"名称"文本框
    private JTextField textField_1;
    //"价格"文本框
    private JTextField textField_2;
    //"库存量"文本框
    private JTextField textField_3;
    //"时间"文本框
    private JTextField textField_4;
    //"说明"文本框
    private JTextArea textArea = new JTextArea();
    //"产品类别"下拉框
    private JComboBox comboBox;
    //要修改的记录 id
    private int id;
    public UpdateItemDialog() {
        setTitle("\u4FEE\u6539\u4EA7\u54C1");
        setBounds(100, 100, 415, 441);
        getContentPane().setLayout(new BorderLayout());
        contentPanel.setBorder(new EmptyBorder(5, 5, 5, 5));
```

```java
getContentPane().add(contentPanel, BorderLayout.CENTER);
contentPanel.setLayout(null);
JLabel label_1 = new JLabel("\u540D\u79F0\uFF1A");
label_1.setBounds(43, 69, 54, 15);
contentPanel.add(label_1);
JLabel label_2 = new JLabel("\u4EF7\u683C\uFF1A");
label_2.setBounds(43, 97, 54, 15);
contentPanel.add(label_2);
textField_2 = new JTextField();
textField_2.setBounds(101, 94, 108, 21);
contentPanel.add(textField_2);
textField_2.setColumns(10);
JLabel label_4 = new JLabel("\u65F6\u95F4\uFF1A");
label_4.setBounds(43, 199, 54, 15);
contentPanel.add(label_4);
JLabel label_5 = new JLabel("\u8BF4\u660E\uFF1A");
label_5.setBounds(43, 235, 54, 15);
contentPanel.add(label_5);
JButton button = new JButton("\u53D6    \u6D88");
button.addActionListener(new ActionListener() {
    public void actionPerformed(ActionEvent e) {
        closeMe();
    }
});
button.setBounds(40, 346, 93, 23);
contentPanel.add(button);
JButton button_1 = new JButton("\u786E    \u5B9A");
//确定按钮单击事件
button_1.addActionListener(new ActionListener() {
    public void actionPerformed(ActionEvent e) {
        //调用外部方法
        updateItem();
```

```
        }
    });
    button_1.setBounds(246, 346, 93, 23);
    contentPanel.add(button_1);
    JLabel label_6 = new JLabel("*");
    label_6.setForeground(Color.RED);
    label_6.setBounds(225, 69, 54, 15);
    contentPanel.add(label_6);
    JLabel label_7 = new JLabel("*");
    label_7.setForeground(Color.RED);
    label_7.setBounds(225, 125, 54, 15);
    contentPanel.add(label_7);
    JLabel label_8 = new JLabel("*");
    label_8.setForeground(Color.RED);
    label_8.setBounds(225, 97, 54, 15);
    contentPanel.add(label_8);
    JLabel label_10 = new JLabel("*");
    label_10.setForeground(Color.RED);
    label_10.setBounds(225, 199, 54, 15);
    contentPanel.add(label_10);
    JScrollPane scrollPane = new JScrollPane();
    scrollPane.setBounds(101, 235, 238, 78);
    contentPanel.add(scrollPane);
    scrollPane.setViewportView(textArea);
    textField_1 = new JTextField();
    textField_1.setColumns(10);
    textField_1.setBounds(101, 65, 108, 21);
    contentPanel.add(textField_1);
    JPanel panel = new JPanel();
    panel.setLayout(null);
    panel.setBorder(new EmptyBorder(5, 5, 5, 5));
    panel.setBounds(0, 0, 399, 403);
```

第 2 章 桌面版产品管理系统

```java
contentPanel.add(panel);
JLabel label_3 = new JLabel("\u4FEE\u6539\u4EA7\u54C1");
label_3.setForeground(Color.RED);
label_3.setFont(new Font("微软雅黑", Font.PLAIN, 18));
label_3.setBounds(144, 25, 108, 30);
panel.add(label_3);
JLabel label_9 = new JLabel("\u540D\u79F0\uFF1A");
label_9.setBounds(43, 69, 54, 15);
panel.add(label_9);
JLabel label_11 = new JLabel("\u5206\u7C7B\uFF1A");
label_11.setBounds(43, 125, 54, 15);
panel.add(label_11);
comboBox = new JComboBox();
comboBox.setBounds(101, 122, 108, 21);
panel.add(comboBox);
JLabel label_12 = new JLabel("\u4EF7\u683C\uFF1A");
label_12.setBounds(43, 97, 54, 15);
panel.add(label_12);
JLabel label_13 = new JLabel("\u65F6\u95F4\uFF1A");
label_13.setBounds(43, 199, 54, 15);
panel.add(label_13);
textField_4 = new JTextField();
textField_4.setText("\u5355\u51FB\u9009\u62E9\u65E5\u671F");
textField_4.setEditable(false);
textField_4.setColumns(10);
textField_4.setBounds(101, 196, 108, 21);
panel.add(textField_4);
JLabel label_14 = new JLabel("\u8BF4\u660E\uFF1A");
label_14.setBounds(43, 235, 54, 15);
panel.add(label_14);
JButton button_2 = new JButton("\u53D6    \u6D88");
button_2.setBounds(40, 346, 93, 23);
```

```
panel.add(button_2);
JButton button_3 = new JButton("\u786E    \u5B9A");
button_3.setBounds(246, 346, 93, 23);
panel.add(button_3);
JLabel label_15 = new JLabel("*");
label_15.setForeground(Color.RED);
label_15.setBounds(225, 69, 54, 15);
panel.add(label_15);
JLabel label_16 = new JLabel("*");
label_16.setForeground(Color.RED);
label_16.setBounds(225, 125, 54, 15);
panel.add(label_16);
JLabel label_17 = new JLabel("*");
label_17.setForeground(Color.RED);
label_17.setBounds(225, 97, 54, 15);
panel.add(label_17);
JLabel label_18 = new JLabel("*");
label_18.setForeground(Color.RED);
label_18.setBounds(225, 199, 54, 15);
panel.add(label_18);
JScrollPane scrollPane_1 = new JScrollPane();
scrollPane_1.setBounds(101, 235, 238, 78);
panel.add(scrollPane_1);
JLabel label_19 = new JLabel("\u5E93\u5B58\u91CF\uFF1A");
label_19.setBounds(43, 156, 54, 15);
panel.add(label_19);
textField_3 = new JTextField();
textField_3.setColumns(10);
textField_3.setBounds(101, 153, 108, 21);
panel.add(textField_3);
//1. 窗体居中
this.setLocationRelativeTo(null);
```

```java
//2. 设置日期组件
DateChooser.getInstance().register(this.textField_4);
JLabel label = new JLabel("*");
label.setForeground(Color.RED);
label.setBounds(225, 156, 54, 15);
panel.add(label);
textField_0 = new JTextField();
textField_0.setBounds(289, 91, 47, 21);
panel.add(textField_0);
textField_0.setColumns(10);
textField_0.setVisible(false);
//3. 设置为模式窗体
this.setModal(true);
//4. 将产品类别数据填充到下拉列表框
fillCombox();
}
public UpdateItemDialog(Integer id){
    //1. 调用无参构造方法。因为所有组件的初始化都在无参构造中,
    //为了能执行无参构造方法,并对窗体组件进行初始化,故作此处理
    this();
    //2. 接收参数 id 的值
    this.id = id;
    this.textField_1.setText(id + " ");
    //3. 执行查询,查询出要修改的数据,并回显
    Item item = this.itemController.findItemById(id);
    //回显数据
    // "id"
    this.textField_0.setText(item.getId() + "");
    // "名称"
    this.textField_1.setText(item.getName());
    // "价格"
```

```
        this.textField_2.setText(item.getPrice() + "");
        //"类别"
        this.comboBox.setSelectedItem(item.getItemCategory()
                                        .getCateName());
        //"库存"
        this.textField_3.setText(item.getPnum() + "");
        //"时间"
        this.textField_4.setText(item.getCreatetime() + "");
        //"说明"
        this.textArea.setText(item.getDescription());
    }
    //填充下拉列表框
    private void fillCombox() {
        List<ItemCategory> itemCategoryList = this.itemCategoryController
                                                    .findAll();
        String[] itemArray = new String[itemCategoryList.size()];
        //遍历集合——填充数组
        for(int i = 0; i < itemCategoryList.size(); i++) {
            ItemCategory itemCategory = itemCategoryList.get(i);
            itemArray[i] = itemCategory.getCateName();
        }
        //将数组中的数据添加到下拉列表中
        comboBox.setModel(new DefaultComboBoxModel(itemArray));

    }
    //取消按钮
    protected void closeMe() {
        this.dispose();


    }
    //确定按钮
    protected void updateItem() {
```

```java
//1. 获取窗体数据＊＊＊＊＊＊＊＊＊＊＊＊＊＊＊＊＊＊＊＊＊＊＊＊
//获取"名称"
String name = this.textField_1.getText().trim();
if("".equals(name)){
    JOptionPane.showMessageDialog(this,"请填写名称!");
    return;
}
//获取"价格"
String price = this.textField_2.getText().trim();
if("".equals(price)){
    JOptionPane.showMessageDialog(this,"请填写价格!");
    return;
}

//验证是否是有效的金额
/*
    * 必须全部是数字；如果有小数点,只能有1个；
    * 如果有小数,只能有两位小数
*/
//假如输入100.22 或 100.22.33 或 100a
if("".equals(price)){//不能是空字符串
    JOptionPane.showMessageDialog(this,"请填写单价!");
    return;
}
for(int i=0;i<price.length();i++){//只能包含数字和"."
    char c = price.charAt(i);
    if((c<'0' || c>'9')&& c!='.'){
        JOptionPane.showMessageDialog(this,"非法的单价!");
        return;
    }
}
if(price.contains(".")){//100.22.33,100.22,
    //第一次查询小数点"."
    int index = price.indexOf(".");
```

```
//第二次查询"."
//从 3 + 1 的位置开始找"."→返回 6
index = price. indexOf(".", index + 1);
//判断,如果第二次查到".",则认为输入价格非法
if ( index ! = - 1 ){//第一个数字,在这里验证失败
    JOptionPane. showMessageDialog( this,"非法的单价!");
    return;
}
//判断是否是两位小数或 1 位小数
String subStr = price. substring( price. indexOf(".") + 1);
//截取字符串,从第一个小数点
//的位置开始,截取到末尾
if ( subStr. length( ) > 2 ){
    JOptionPane. showMessageDialog( this,"单价只能有两
                                    +"位小数!");
    return;
}
}
//获取"产品类别"
String cateName = this. comboBox. getSelectedItem( ). toString( );
if ("-请选择-". equals( cateName ) ){
    JOptionPane. showMessageDialog( this,"请选择类别!");
    return;
}
//获取"库存"
String pnum = this. textField_3. getText( ). trim( );
//验证是否是有效的库存
if ( " ". equals( pnum ) ){//不能是空字符串
    JOptionPane. showMessageDialog( this,"请填写金额!");
    return;
}
for ( int i = 0;i < pnum. length( );i + + ){//只能包含数字和"."
```

```java
        char c = pnum.charAt(i);
        if ((c < '0' || c > '9')) {
            JOptionPane.showMessageDialog(this,"非法的数值!");
            return;
        }
    }
}
//获取"时间"
String createtime = this.textField_4.getText();
if ("单击选择日期".equals(createtime)) {
    JOptionPane.showMessageDialog(this,"请选择日期!");
    return;
}
//获取"描述"(不需要验证)
String description = this.textArea.getText();
//2. 封装实体 Bean ************************
Item item = new Item();
SimpleDateFormat format = new SimpleDateFormat("yyyy-MM-dd");
Date d = null;
try {
    d = (Date)format.parseObject(createtime);
} catch (ParseException e) {
    //TODO Auto-generated catch block
    e.printStackTrace();
}
item.setCreatetime(d);
item.setDescription(description);
item.setId(id);
ItemCategory itemCategory = this.itemCategoryController
                    .findItemCategoryByCateName(cateName);
item.setItemCategory(itemCategory);
item.setCid(itemCategory.getCid());
```

```java
        item.setName(name);
        item.setPnum(Integer.parseInt(pnum));
        item.setPrice(Double.parseDouble(price));
        //3.调用控制层,修改数据
        if(this.itemController.updateItem(item)>0){
            JOptionPane.showMessageDialog(this,"修改成功!");
            //销毁自己
            this.dispose();
        }else{
            JOptionPane.showMessageDialog(this,"在修改数据时发生错误,"
                    +"请重试!");
            return;
        }
    }
}
```

(2)在ItemMngDialog.java的ItemMngDialog()方法内添加如下代码。

```java
//为表格添加鼠标事件监听
table.addMouseListener(new MouseAdapter(){
        @Override
        public void mouseClicked(MouseEvent e){
            if(e.getButton()==1//鼠标左键
                    && e.getClickCount()>=2){//双击
                updateItem();
            }
        }
});
//"修改"按钮的事件处理
button_2.addActionListener(new ActionListener(){
        public void actionPerformed(ActionEvent e){
            //调用外部方法
            updateItem();
```

```
        }
});
```

在 ItemMngDialog.java 内创建 updateItem()方法,该方法的内容如下。

```
//"修改"按钮的事件处理
protected void updateItem(){
    //1. 获取表格中的选择行
    int selectedRow = this.table.getSelectedRow();
    if(selectedRow == -1){
        JOptionPane.showMessageDialog(this,"请选择要修改的数据!");
        return;
    }
    //2. 获取选择行第一列的数据(lid 的值)
    int lid = Integer.valueOf(this.table.getValueAt(selectedRow, 0)
            .toString());
    //3. 打开"修改窗体",并将这个 lid 传给修改窗体
    new UpdateItemDialog(lid).setVisible(true);
    //4. 重新查询,刷新表格
    queryItem();
}
```

2. 实现 Controller 层

在控制器类 ItemController 中编写 findItemById()和 updateItem()方法,代码如下所示。

```
//通过 id 查询一条记录
public Item findItemById(int id){
    return this.itemService.findItemById(id);
}
public int updateItem(Item item){
    return this.itemService.updateItem(item);
}
```

3. 实现 Service 层

在业务逻辑类 ItemService 中编写 findItemById( ) 和 updateItem( ) 方法，代码如下所示。

```
//修改
public int updateItem( Item item) {
    return this.itemDao.updateItem(item);
};
//根据 id 查询
public Item findItemById( Integer id) {
    return this.itemDao.findItemById(id);
};
```

4. 实现 DAO 层

在 DAO 层 ItemDao 中创建 findItemById( ) 和 updateItem( ) 方法，代码如下所示。

```
//通过 id 查询一条数据
public Item findItemById( Integer id) {
    Item item = null;
    //1. 取得连接
    Connection conn = JDBCUtils.getConnection();
    PreparedStatement pstm = null;
    ResultSet rs = null;
    try {
        //2. 封装 SQL 语句
        String strSQL = "SELECT   a.id,a.name,a.'price',a.'description',"
                + "a.'createtime',a.'pnum',a.'cid',"
                + "b.'cateName' FROM   item a "
                + "INNER JOIN itemCAtegory b ON   a.cid = b.'cid'"
                + "where id = ?";
        //3. 获取 SQL 预编译执行器
        pstm = conn.prepareStatement(strSQL);
        //4. 给?号赋值
        pstm.setInt(1, id);
```

```java
            //5.执行查询,获取结果集
            rs = pstm.executeQuery();
            //6.定义集合,封装结果集
            if(rs.next()){
                item = new Item();
                item.setCid(rs.getInt("cid"));
                item.setCreatetime(rs.getDate("createtime"));
                item.setDescription(rs.getString("description"));
                item.setId(rs.getInt("id"));
                ItemCategory itemCategory = new ItemCategory();
                itemCategory.setCid(rs.getInt("cid"));
                itemCategory.setCateName(rs.getString("catename"));
                item.setItemCategory(itemCategory);
                item.setName(rs.getString("name"));
                item.setPnum(rs.getInt("pnum"));
                item.setPrice(rs.getDouble("price"));
            }
            rs.close();
            pstm.close();
        } catch (SQLException e) {
            //TODO Auto-generated catch block
            e.printStackTrace();
        }
        return item;
    }
    //修改
    public int updateItem(Item item){
        Connection conn = JDBCUtils.getConnection();
        Statement st = null;
        int row = 0;
        try {
            st = conn.createStatement();
```

```java
                //日期转字符串格式
                SimpleDateFormat formatter;
                formatter
                    = new SimpleDateFormat("yyyy - MM - dd HH:mm:ss");
                String createtimeStr
                    = formatter.format(item.getCreatetime());
                //封装SQL语句
                String strSQL = "update item set name = '" + item.getName()
                    + "',price = " + item.getPrice() + ",description = '"
                    + item.getDescription()
                    + "',createtime = '" + createtimeStr
                    + "',pnum = " + item.getPnum()
                    + ",cid = " + item.getCid() + " where id = "
                    + item.getId() + "";
                //控制平台输出SQL语句
                System.out.println(strSQL);
                //执行,获取受影响的记录行数
                row = st.executeUpdate(strSQL);
                //关闭资源
                st.close();
            } catch (SQLException e) {
                e.printStackTrace();
            }
        return row;
    };
```

5. 测试修改产品功能

至此,修改产品的实现代码就已经编写完成。项目运行后,进入产品管理窗体,点选"测试产品1",单击"修改"按钮,将分类改成"科技",如图2-21所示。

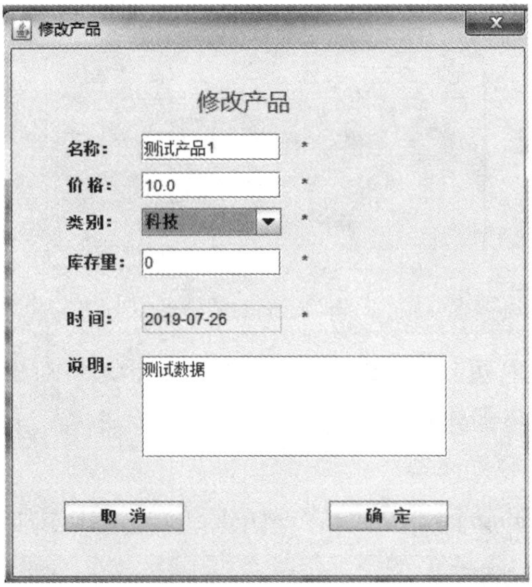

图 2-21　产品修改

再次单击"确定",弹出"修改成功!"提示框,点击"确定",将刷新产品管理窗体的产品信息,如图 2-22 所示。

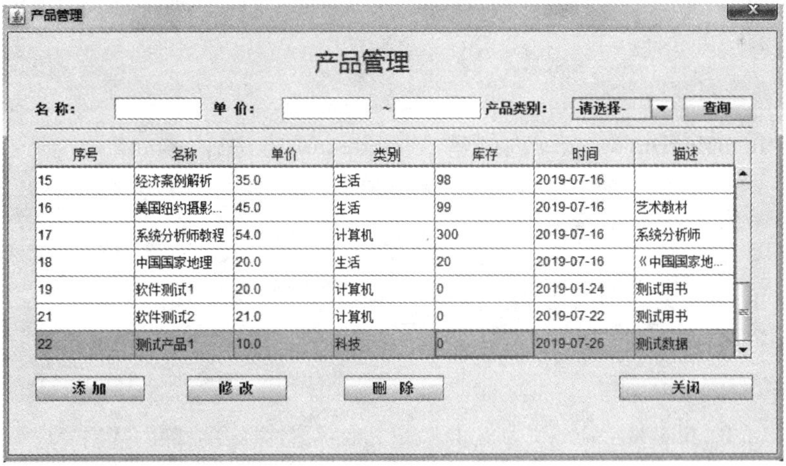

图 2-22　产品信息

从图 2-22 可以看出,产品的修改功能已成功实现。

2.7.4　删除产品

在产品管理窗体选中某行产品,点击工具栏的"删除"按钮,会弹出删除确认框,如图 2-23 所示。

图 2-23　删除确认框

单击"是"按钮,可执行删除产品操作。接下来将对删除产品功能的实现进行详述,具体步骤如下:

1. 窗体代码

在 ItemMngDialog.java 的 ItemMngDialog() 方法内添加如下代码。

```
//删除按钮事件处理
button_3.addActionListener( new ActionListener( ){
    public void actionPerformed( ActionEvent e){
        //调用外部方法
        deleteItem( ) ;
    }
});
```

在 ItemMngDialog.java 内创建 deleteItem() 方法,内容如下:

```
//删除
protected void deleteItem( ){
    //1. 获取表格中的选择行
    int selectedRow = this.table.getSelectedRow( ) ;
    if (selectedRow = = -1){
        JOptionPane.showMessageDialog(this,"请选择要删除的数据!");
        return;
    }
    //2. 获取选择行第一列的数据——lid 的值
    int lid = Integer.valueOf( this.table.getValueAt( selectedRow, 0).toString( ));
```

```
//3. 确认删除
int v = JOptionPane.showConfirmDialog(this,"你确定要删除这条数据吗?");
if(v!=0){//选择取消与否
    return;
}
//4. 调用控制层,执行删除
if((this.itemController.deleteItemById(lid)>0){
    JOptionPane.showMessageDialog(this,"删除成功!");
    //刷新列表
    this.queryItem();
}
}
```

2. 实现 Controller 层

在控制器类 ItemController 中编写 deleteItemById()方法,代码如下:

```
//通过 id,删除一条记录
public int deleteItemById(int id){
    return this.itemService.deleteItemById(id);
}
```

3. 实现 Service 层

在业务逻辑类 ItemService 中编写 deleteItemById()方法,代码如下:

```
//删除
public int deleteItemById(Integer  id){
    return this.itemDao.deleteItemById(id);
};
```

4. 实现 DAO 层

在 DAO 层 ItemDao 类中编写 deleteItemById()方法,代码如下:

```
//通过 id 删除一条记录
public int deleteItemById(Integer id){
```

```java
Connection conn = JDBCUtils.getConnection();
Statement st = null;
int row = 0;
try {
    st = conn.createStatement();
    //封装 SQL 语句
    String strSQL = "delete from  item  where id = " + id;
    //执行,获取受影响的记录行数
    row = st.executeUpdate(strSQL);
    //关闭资源
    st.close();
} catch (SQLException e) {
    e.printStackTrace();
}
return row;
};
```

5. 测试删除产品功能

至此,删除产品的实现代码编写完成。下面以删除编号为 22 的产品"测试产品 1"为例,来测试系统的删除功能。

选中编号 22 的产品,点击后方的"删除"图标,会弹出删除确认框,单击"确定"按钮,编号为 22 的产品"测试产品 1"已不在产品信息列表中,说明删除操作执行成功。

2.8 本章小结

本章采用 C/S 模式和 5 层架构的 MVC 分层设计模式,运用 windowBuilder、Swing 和 JDBC 技术实现桌面版的产品管理系统。首先,对 SQL 语言、JDBC 基础概念、如何实现 JDBC 程序等数据库应用基础知识进行简单介绍,然后讲解系统功能、系统架构设计和文件组织结构;其次,详细讲解系统的环境搭建;最后,借助产品类别模块的实现阐述如何进行有关单表的 CURD 实际应用及操作,借助产品管理模块展示如何进行有关含关联关系表的 CURD 实际应用及操作。

第 3 章
Web 版产品管理系统
(JSP + Servlet + JavaBean)

C/S 模式具有响应速度快、交互性强、安全性高等优点,但此结构只适用于局域网。随着网络的快速发展,移动办公愈来愈普及,这就需要系统有很好的可扩展性,而 B/S 结构只需要一台能上网的电脑,就可以在任何地方不用安装任何专门的软件实现操作,提升系统的扩展性[1]。

本章主要研究集群式项目中第二个项目——Web 版产品管理系统。该项目以产品管理系统为背景,采用 B/S 模式,遵循 MVC 设计模式,运用 JSP、Servlet 和 JavaBean 技术;使用 C3P0 开源数据库连接池以提升数据的访问效率并减少代码量;使用 DBUtils 工具类库简化 JDBC 的编码来操作数据库。

3.1 HTTP 及状态码

3.1.1 HTTP 协议

在浏览器与服务器的交互过程中,需要遵循一定的规则,即 HTTP 协议。

HTTP(Hyper Text Transfer Protocol,超文本传输协

---

[1] 李雅,李昌华.桌面应用 Web 化——应用接入架构[J].现代电子技术,2008(20):82-88.

议)是一种请求/响应式的协议,专门用于定义浏览器与服务器之间交换数据的过程以及数据本身的格式,是一个无状态的协议,即同一个客户端的这次请求和上次请求没有对应关系[①]。

3.1.2 HTTP 请求响应模型

HTTP 是一个标准的客户/服务器模型,客户通过浏览器与服务器建立连接,向服务器端发送 HTTP 请求,服务器端给出 HTTP 响应,客户端与服务器端在 HTTP 下的交互过程如图 3-1 所示[②]。

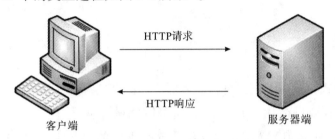

图 3-1　客户端与服务器端在 HTTP 协议下的交互过程

3.1.3 HTTP 消息

HTTP 消息分为 HTTP 请求消息和 HTTP 响应消息。

1. HTTP 请求消息

HTTP 请求消息分为请求行、请求头信息和请求消息体。HTTP 请求行位于请求消息的第一行,它包括请求方式、资源路径及协议版本三个部分;请求头信息用于向服务器端传递附加信息;请求消息体用来描述请求消息中传递的真实信息,其中只有 POST 请求方式才存在请求消息体。

2. HTTP 响应消息

HTTP 响应消息分为响应状态行、响应头信息和响应消息体。响应状态行位于响应消息的第一行,它包括 HTTP 协议版本、状态码及状态码描述;响应头信息用于向客户端传递附加信息;响应消息体描述响应消息中传递的真实信息。

3. HTTP 请求与 HTTP 响应消息的构成示例

打开火狐浏览器,点击浏览器菜单栏的"Web Developer"中的

---

① 余长春.基于HTTP协议面向藏文文本的实时监测技术研究[D].拉萨:西藏大学,2016:5.
② 卓国锋,郭朗等.Java Web 企业项目实战[M].北京:清华大学出版社,2015:20.

"Network",可以查看客户端和服务器通信的 HTTP 消息。

在浏览器的地址栏中输入 http://localhost:8080/webItemDemo/admin/login/login.jsp,请求访问本章基于 Web 版产品管理系统的登录页面,服务器返回给用户登录页面,HTTP 请求与 HTTP 响应消息的构成如图 3-2 和图 3-3 所示。

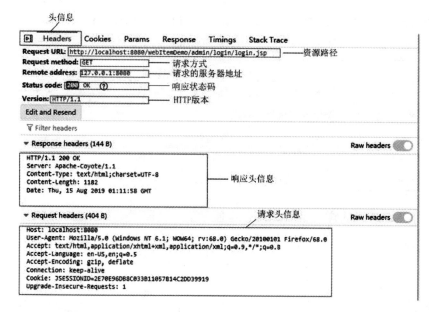

图 3-2 访问"登录"网页 HTTP 请求与响应头消息

图 3-3 访问"登录"网页 HTTP 响应消息的响应消息体

图 3-2 的响应状态码为 200,表示服务器端已成功处理了浏览器(客户

端)发送过来的请求,从图 3-3 可以明确服务器返回给浏览器(客户端)的响应消息体是一个"登录"页面,供用户输入用户名和密码。

3.1.4 HTTP 状态码

当浏览者访问一个网页时,浏览者的浏览器会向网页所在服务器发出请求。服务器会返回一个包含 HTTP 状态码的信息头用于响应浏览器的请求。HTTP 状态码的英文为 HTTP Status Code。HTTP 状态码分类如表 3-1 所示[①]。

表 3-1　HTTP 状态码分类

分类	分类描述
1**	消息,服务器收到请求,需要请求者继续执行操作
2**	成功,操作成功接收并处理
3**	重定向,需要进一步的操作以完成请求
4**	请求错误,请求包含语法错误或无法完成请求
5**	服务器错误,服务器在处理请求的过程中发生错误

每种状态码的详细信息如图 3-4 所示。

中文名	HTTP状态码		规范定义	RFC 2616
外文名	HTTP Status Code		消息端	1字头、2字头、3字头

目录
- 1 消息
  - 100 Continue
  - 101 Switching Protocols
  - 102 Processing
- 2 成功
  - 200 OK
  - 201 Created
  - 202 Accepted
  - 203 Non-Authoritative Information
  - 204 No Content
  - 205 Reset Content
  - 206 Partial Content
  - 207 Multi-Status
- 3 重定向
  - 300 Multiple Choices
  - 301 Moved Permanently
  - 302 Move Temporarily
  - 303 See Other
  - 304 Not Modified
  - 305 Use Proxy
  - 306 Switch Proxy
  - 307 Temporary Redirect
- 4 请求错误
  - 400 Bad Request
  - 401 Unauthorized
  - 402 Payment Required
  - 403 Forbidden
  - 404 Not Found
  - 405 Method Not Allowed
  - 406 Not Acceptable
  - 407 Proxy Authentication Required
  - 408 Request Timeout
  - 409 Conflict
  - 410 Gone
  - 411 Length Required
  - 412 Precondition Failed
  - 413 Request Entity Too Large
  - 414 Request-URI Too Long
  - 415 Unsupported Media Type
  - 416 Requested Range Not Satisfiable
  - 417 Expectation Failed
  - 418 I'm a teapot
  - 421 Too Many Connections
  - 422 Unprocessable Entity
  - 423 Locked
  - 424 Failed Dependency
  - 425 Too Early
  - 426 Upgrade Required
  - 449 Retry With
  - 451 Unavailable For Legal Reasons
- 5 服务器错误
  - 500 Internal Server Error
  - 501 Not Implemented
  - 502 Bad Gateway
  - 503 Service Unavailable
  - 504 Gateway Timeout
  - 505 HTTP Version Not Supported
  - 506 Variant Also Negotiates
  - 507 Insufficient Storage
  - 509 Bandwidth Limit Exceeded
  - 510 Not Extended
  - 600 Unparseable Response Headers

图 3-4　HTTP 状态码

[①] 卓国锋,郭朗等. Java Web 企业项目实战[M].北京:清华大学出版社,2015:18.

3.2 JSP 开发 Web 的几种方式

在 JSP 网站开发技术中,常使用下面几种方式:纯粹 JSP 技术实现方式、JSP + JavaBean 技术实现方式、JSP + Servlet + JavaBean 技术实现方式[①]。

3.2.1 纯粹 JSP 技术实现方式

使用纯粹 JSP 技术方式实现动态网站,即 JSP 页面中所有的代码都写在同一个页面,如业务逻辑、数据库访问及 SQL 语句等都写在同一个页面。这么多代码混写在一个页面上,不容易查找和调试,这样设计的代码与最早的 ASP 技术方式没有大的差别,是 JSP 初学者采用的编写方式。

3.2.2 JSP + JavaBean 技术实现方式

JSP + JavaBean 技术实现方式能实现页面静态部分和动态部分相互分离。数据处理部分交由 JavaBean 处理,如连接数据库代码、业务逻辑;JSP 负责控制页面跳转与结果的展示。这种技术显示出了 JSP 技术的优势,但并不充分;JSP + Servlet + JavaBean 技术的组合方式能更加充分地显示 JSP 技术的优势。

3.2.3 JSP + Servlet + JavaBean 技术实现方式

JSP + Servlet + JavaBean 技术的组合可以很好地实现 MVC(Model-View-Controller,模型—视图—控制器)模式。MVC 模式的实现过程为:HTTP 发送请求,控制器(Servlet)接收请求,调用模型(JavaBean),模型访问数据库得到数据,将数据交给控制器,由控制器指定视图(JSP)去展示数据,如图 3-5 所示。

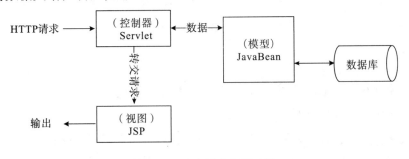

图 3-5 MVC 模式实现过程

---

① 卓国锋,郭朗等.Java Web 企业项目实战[M].北京:清华大学出版社,2015:18.

本章选用 JSP + Servelt + JavaBean 技术方式实现。

3.3 系统概述

3.3.1 系统功能介绍

本系统按照 MVC 设计模式开发,使用 JSP + Servlet + JavaBean 技术编写 Web 应用程序,结合 JDBC + C3P0 数据源 + DBUtils 工具类库操作数据库,主要实现用户登录、产品类别管理和产品管理三个功能模块。三个模块的主要功能如图 3-6 所示。

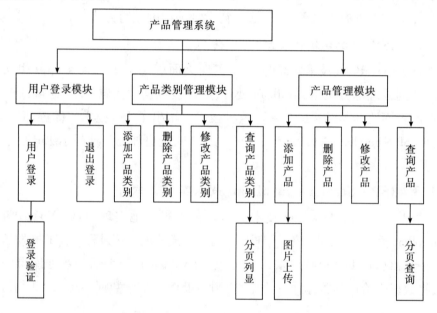

图 3-6 系统功能结构

3.3.2 系统架构设计

根据功能不同,将系统结构划分为以下几个层次。

模型层:该层由实体类组成。

数据访问层(DAO 层):该层主要与数据库交互,由 DAO 接口和实现类组成。本系统数据访问层的接口统一使用 DAO 结尾,其实现类名称统一在接口名后加 Impl。

业务逻辑层(Service 层):该层主要用于实现系统的业务逻辑,由 Service 接口和实现类组成。本系统,业务逻辑层的接口统一使用 Service 结尾,其实现类名称统一在接口名后加 Impl。

控制层(Controller 层):该层主要负责拦截用户请求或调用业务逻辑层中相应组件的业务逻辑方法来处理用户请求,并将相应结果返回给 JSP 页面,由 Servlet 组成。

Web 表现层:该层负责提供输入数据的页面,使用 JSTL 或 EL 展示数据,由 JSP 页面组成。

为方便读者理解,下面通过系统层次结构图来描述各个层次的调用关系及作用,如图 3-7 所示。

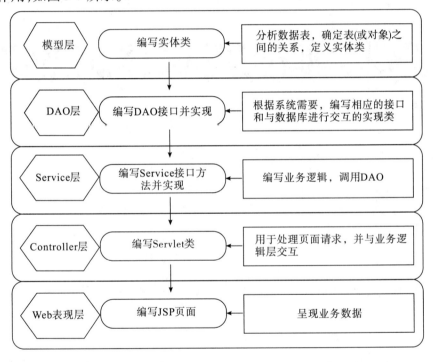

图 3-7　系统层次结构

3.3.3　页面框架

系统的页面框架通过 < frameset > 标签来组织,如图 3-8 所示。

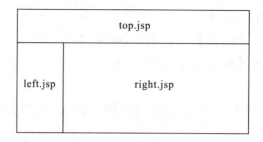

图 3-8　页面构成

用户登录成功后,进入产品管理系统。产品管理系统的页面框架如图 3-9 所示。

图 3-9　产品管理系统页面框架

从图 3-9 中可以看出产品管理系统的组成结构,其中左侧是系统的主要功能模块。

3.3.4　文件组织结构

在讲解项目的实现之前,先介绍项目所涉及的 Java 文件、配置文件以及页面文件等在项目中的组织结构,如图 3-10 所示。

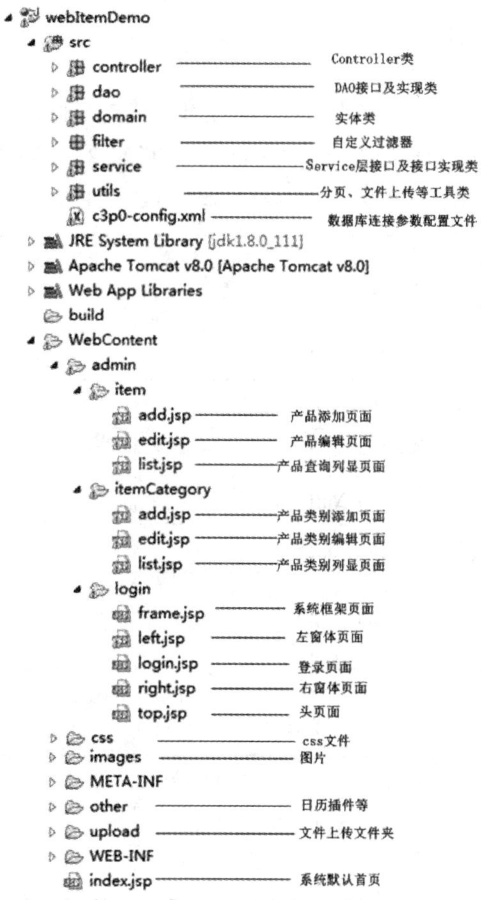

第3章 Web版产品管理系统(JSP + Servlet + JavaBean)

```
▲ 🐸 webItemDemo
    ▲ 🐸 src
        ▷ 🌐 controller ——————————— Controller类
        ▷ 🌐 dao ——————————————— DAO接口及实现类
        ▷ 🌐 domain ———————————— 实体类
        ▷ 🌐 filter ——————————— 自定义过滤器
        ▷ 🌐 service ———————————— Service层接口及接口实现类
        ▷ 🌐 utils ——————————— 分页、文件上传等工具类
          📄 c3p0-config.xml ——————— 数据库连接参数配置文件
    ▷ 🗂 JRE System Library [jdk1.8.0_111]
    ▷ 🗂 Apache Tomcat v8.0 [Apache Tomcat v8.0]
    ▷ 🗂 Web App Libraries
      📁 build
    ▲ 📁 WebContent
        ▲ 📁 admin
            ▲ 📁 item
              📄 add.jsp ——————— 产品添加页面
              📄 edit.jsp ——————— 产品编辑页面
              📄 list.jsp ——————— 产品查询列显页面
            ▲ 📁 itemCategory
              📄 add.jsp ——————— 产品类别添加页面
              📄 edit.jsp ——————— 产品类别编辑页面
              📄 list.jsp ——————— 产品类别列显页面
            ▲ 📁 login
              📄 frame.jsp ——————— 系统框架页面
              📄 left.jsp ——————— 左窗体页面
              📄 login.jsp ——————— 登录页面
              📄 right.jsp ——————— 右窗体页面
              📄 top.jsp ——————— 头页面
        ▷ 📁 css ——————————————— css文件
        ▷ 📁 images ——————————— 图片
        ▷ 📁 META-INF
        ▷ 📁 other ——————————— 日历插件等
        ▷ 📁 upload ——————————— 文件上传文件夹
        ▷ 📁 WEB-INF
          📄 index.jsp ——————— 系统默认首页
```

图3-10 项目文件组织结构

3.3.5 系统开发及运行环境

操作系统:Windows。

Web服务器:tomcat8.0。

开发语言:Java语言。

Java开发包:JDK8。

开发工具:Eclipse Java EE IDE for Web Developers。

数据库:MySQL5.5。

浏览器:Google浏览器或IE8.0以上版本。

3.4 数据库设计

本系统包含用户登录、产品类别管理和产品管理功能,分别对应系统用户表、产品类别表和产品信息表,依次如表3-2、表3-3和表3-4所示。

表3-2 系统用户表(user)

字段名	数据类型	是否为空	是否主键	默认值	描述
id	int(4)	Not Null	PK		id(自动跳号)
username	varchar(50)	Not Null			用户名
password	varchar(50)	Not Null			密码
gender	varchar(2)	Not Null			性别
email	varchar(50)	Not Null			邮箱
telephone	varchar(50)	Not Null			电话
role	varchar(5)	Not Null		普通用户	角色("管理员"或"普通用户")

表3-3 产品类别表(itemCategory)

字段名	数据类型	是否为空	是否主键	默认值	描述
cid	int(4)	Not Null	PK		id(自动跳号)
cateName	varchar(20)	Not Null			类别名称

表3-4 产品信息表(item)

字段名	数据类型	是否为空	是否主键	默认值	描述
id	int(4)	Not Null	PK		id(自动跳号)
name	varchar(40)	Not Null			产品名称
price	double	Not Null			定价
cid	Int(4)	Not Null			类别
pnum	Int(11)	Not Null		0	库存量
imgurl	varchar(100)				图片位置
description	varchar(255)	Not Null			描述
createtime	datatime	Not Null			生成日期

3.5 系统环境搭建

3.5.1 创建数据库

本系统使用第 2 章创建的 db_item 数据库。

3.5.2 准备所需的 JAR 包

本系统所需的 JAR 包括以下几种:

1. C3P0 数据源连接数据库所需的 JAR 包

c3p0-0.9.1.2.jar

2. JSP 页面使用 JSTL 标签库所需的 JAR 包

jstl.jar

standard.jar

3. Servlet 所需的 JAR 包

servlet-api.jar

4. 使用 DBUtils 工具处理数据的持久化操作所需的 DBUtils 工具包

commons-dbutils-1.6.jar

5. Java 工具类 JAR 包

commons-io-2.5.jar

commons-fileupload-1.3.2.jar

commons-beanutils-1.8.3.jar

commons-logging-1.1.1.jar

6. MySQL5.5 数据库驱动 JAR 包

mysql-connector-java-5.1.39.jar

3.5.3 准备项目环境

1. 创建项目,导入 JAR 包

在 Eclipse 中,创建名为 webItemDemo 的 Web 项目,将系统准备的全部 JAR 包复制到项目的 lib 目录中。

2. 配置 c3p0-config.xml

在根目录 src 下编写 c3p0-config.xml 文件,用来配置 C3P0 数据源和数据库连接参数,代码如文件 3-1 所示。

文件 3-1　c3p0-config.xml

```xml
<?xml version="1.0" encoding="UTF-8"?>
<c3p0-config>
    <default-config>
        <property name="driverClass">com.mysql.jdbc.Driver</property>
        <property name="jdbcUrl">jdbc:mysql://localhost:3306/db_item
        </property>
        <property name="user">root</property>
        <property name="password">root</property>
    </default-config>
</c3p0-config>
```

3. 编写工具类 DataSourceUtils

在根目录 src 下创建名称为 utils 的包，在该包下创建 DataSourceUtils 类，用来获取数据源和数据库连接，如文件 3-2 所示。

文件 3-2　DataSourceUtils.java

```java
package com.msz.utils;
import java.sql.Connection;
import java.sql.SQLException;
import javax.sql.DataSource;
import com.mchange.v2.c3p0.ComboPooledDataSource;
/**
 * 数据源工具类
 */
public class DataSourceUtils {
    private static DataSource dataSource = new ComboPooledDataSource();
    private static ThreadLocal<Connection> tl
                                    = new ThreadLocal<Connection>();

    public static DataSource getDataSource() {
        return dataSource;
    }
```

```java
/**
 * 当 DBUtils 需要手动控制事务时,调用该方法获得一个连接
 */
public static Connection getConnection() throws SQLException {
    Connection con = tl.get();
    if (con == null) {
        con = dataSource.getConnection();
        tl.set(con);
    }
    return con;
}
/**
 * 开启事务
 */
public static void startTransaction() throws SQLException {
    Connection con = getConnection();
    if (con != null)          con.setAutoCommit(false);
}
/**
 * 从 ThreadLocal 中释放,关闭 Connection,并结束事务
 */
public static void releaseAndCloseConnection() throws SQLException {
    Connection con = getConnection();
    if (con != null) {
        con.commit();
        tl.remove();
        con.close();
    }
}
/**
 * 事务回滚
 */
```

```
public static void rollback( ) throws SQLException {
    Connection con = getConnection( );
    if ( con != null ) {
        con.rollback( );
    }
}
```

至此,项目的前期准备就完成了。

3.6 用户登录模块

3.6.1 用户登录

1. 编写登录页面

在 Webcontent 文件夹下创建 admin/login 子文件夹,在 login 文件夹下创建 login.jsp 文件,该页面关键代码如文件 3-3 所示。

文件 3-3　login.jsp

```
< body >
< div >
    < div class = "logoBar login_logo" >
        < div class = "comWidth" >
            < h3 class = "welcome_title" > 欢迎登录产品管理后台 </ h3 >
        </ div >
    </ div >
</ div >
< form action = " $ { pageContext.request.contextPath } /LoginServlet"
            method = "post" >
    < div class = "loginBox" >
        < div class = "login_cont" >
            < ul class = "login" >
                < li class = "l_tit" > 用户名 </ li >
                < li class = "mb_10" >
                    < input type = "text" name = "username" class = "login_in" >
```

```
            </li>
            <li class = "l_tit">密码</li>
            <li class = "mb_10">
                <input type = "password" name = "password" class = "login_in">
            </li>
            <li><input type = "submit" value = " " class = "login_btn"></li>
        </ul>
    </div>
</div>
</form>
<div class = "hr_25"></div>
<div>
    <div class = "footer">
        <div class = "comWidth">
        </div>
    </div>
</div>
</body>
```

2. 创建 Servlet

在 src 下创建名称为 controller 的包,在该包下创建 LoginServlet 类,用来完成登录校验,代码如文件 3-4 所示。

文件 3-4 LoginServlet.java

```
package controller;
import java.io.IOException;
import javax.servlet.ServletException;
import javax.servlet.annotation.WebServlet;
import javax.servlet.http.HttpServlet;
import javax.servlet.http.HttpServletRequest;
import javax.servlet.http.HttpServletResponse;
import javax.servlet.http.HttpSession;
import service.UserService;
```

```java
import service.UserServiceImpl;
import domain.User;
@WebServlet("/LoginServlet")
public class LoginServlet extends HttpServlet {
    private static final long serialVersionUID = 1L;
    private UserService userService = new UserServiceImpl();
    public LoginServlet() {
        super();
    }

    protected void doGet(HttpServletRequest request,
    HttpServletResponse response) throws ServletException, IOException {
        this.doPost(request, response);
    }

    protected void doPost(HttpServletRequest request,
    HttpServletResponse response) throws ServletException, IOException {
        request.setCharacterEncoding("utf-8");
        response.setContentType("text/html;charset=utf-8");
        String username = request.getParameter("username");
        String password = request.getParameter("password");
        System.out.println(username + "," + password);
        User u = new User();
        u.setUsername(username);
        u.setPassword(password);
        User user = userService.findUser(u);
        if (user != null) {
            HttpSession session = request.getSession();
            session.setAttribute("USER_SESSION", user);
            if ("管理员".equals(user.getRole())) {
                response.sendRedirect(request.getContextPath()
                    + "/admin/login/frame.jsp");
            }
            else {
```

```
//3 秒刷新
String url = "3;URL = http://" + request.getHeader("Host") + " "
            + request.getContextPath() + "/index.jsp";
response.setHeader("Refresh", url);
    }
  }
}
```

根据上述代码,如遇合法用户,则该用户的信息会保存到 Session 对象中。

3. 编写 Service 接口及实现类

(1) 创建用户 Service 接口。在 src 目录下,创建一个 service 包,在包中创建 UserService 接口,并在该接口中编写一个 findUser() 的方法,如文件 3-5 所示。

文件 3-5 UserService.java

```
package service;
import domain.User;
public interface UserService {
    //登录校验
    public User findUser(User user);
}
```

(2) 创建用户 Service 接口的实现类。在 service 包下创建 UserService 接口的实现类 UserServiceImpl,如文件 3-6 所示。

文件 3-6 UserServiceImpl.java

```
package service;
import dao.UserDao;
import dao.UserDaoImpl;
import domain.User;
public class UserServiceImpl implements UserService {
    private UserDao userDao = new UserDaoImpl();
    //登录校验
    public User findUser(User user) {
            return userDao.findUser(user);
        }
    }
}
```

4. 编写 DAO 接口及实现类

（1）创建用户 DAO 接口。在根目录 src 下，创建一个 dao 包，在包中创建 UserDao 接口，并在该接口中编写一个 findUser( ) 的方法，如文件 3-7 所示。

文件 3-7　UserDao.java

```java
package dao;
import domain.User;
public interface UserDao {
    public User findUser(User user);
}
```

（2）创建用户 DAO 接口的实现类。在 dao 包下创建 UserDao 接口的实现类 UserDaoImpl，如文件 3-8 所示。

文件 3-8　UserDaoImpl.java

```java
public class UserDaoImpl implements UserDao {
    @Override
    public User findUser(User u) {
        User user = null;
        //1. 获取连接池,得到一个 QueryRunner 对象
        QueryRunner runner
            = new QueryRunner(DataSourceUtils.getDataSource());
        //2. 封装 SQL 语句
        String strSQL = "select * from User"
            +" where username = '" + u.getUsername()
            +"' and password = '" + u.getPassword() + "'";
        System.out.println(strSQL);
        try {
            //3. 执行 BeanHandler
            user = runner.query(strSQL, new BeanHandler<User>(
                User.class));
        } catch (SQLException e) {
            e.printStackTrace();
        }
```

第3章 Web 版产品管理系统(JSP + Servlet + JavaBean)

```
        return user;
    }
}
```

上述代码采用了 DBUtils 工具。DBUtils 工具是操作数据库的一个组件，可以实现对 JDBC 的简单封装，在不影响性能的情况下极大地简化 JDBC 编码的工作量。DBUtils 工具的核心是 org.apache.commons.dbutils.QueryRunner 和 org.apache.commons.dbutils.ResultSetHandler 接口。QueryRunner 类简化了执行 SQL 语句的代码，与 ResultSetHandler 组合在一起能完成大部分的数据库操作，大大减少编码量。

BeanHandler、BeanListHandler 及 ScalarHandler 是 ResultSetHandler 的实现类。BeanHandler 和 BeanListHandler 实现类负责将结果集中的数据封装到对应的 JavaBean 实例中。ScalarHandler 实现类返回结果集中某条记录的指定字段值。

3.6.2 登录验证

虽然在 3.6.1 中已经实现了用户登录功能，但并不完善。重新打开谷歌浏览器，访问 http://localhost:8080/webItemDemo/frame.jsp，发现可以直接进入后台管理页面。为了提升系统的安全性，防止未登录的用户非法访问后台管理页面的情况发生，我们可以创建一个 Filter 来过滤所有的请求，只允许已登录的用户通过，而将未登录用户的请求，转发到登录页面。

1. 自定义过滤器类

在 src 目录下，创建一个 filter 包，在该包中创建一个登录拦截器 LoginFilter。LoginFilter.java 代码如文件3-9 所示。

文件3-9　LoginFilter.java

```
/**
 * 使用注解标注过滤器
 * @WebFilter 将一个实现了 javax.servlet.Filter 接口的类定义为过滤器
 * 属性 filterName 声明过滤器的名称,是可选属性
 * 属性 urlPatterns 指定要过滤的 URL 模式,也可使用属性 value 来声明(指
 * 定要过滤的 URL 模式是必选属性)
 */
@WebFilter(filterName = "LoginFilter", urlPatterns = "/*")
```

```java
public class LoginFilter implements Filter {
    public void init(FilterConfig filterConfig) throws ServletException {

    }
    public void doFilter(ServletRequest req, ServletResponse resp,
            FilterChain chain) throws IOException, ServletException {
        HttpServletRequest request = (HttpServletRequest) req;
        HttpServletResponse response = (HttpServletResponse) resp;
        String url = request.getRequestURI();
        HttpSession    session = request.getSession();
        User user = (User) session.getAttribute("USER_SESSION");
        /* 1. 过滤合法登录用户
         * 2. 过滤 login.jsp 或 LoginServlet 请求
         * 3. 过滤以.css 和.js 结尾的文件
         * 4. 过滤以.gif 和.jpg 结尾的文件
         * */
        if (user != null) {
            chain.doFilter(request, response);
            return;
        }
        if(url.endsWith("/login.jsp") || url.endsWith("/LoginServlet")) {
            chain.doFilter(request, response);
            return;
        }
        if(url.endsWith(".css") || url.endsWith(".js")
                || url.endsWith(".gif") || url.endsWith(".jpg")) {
            chain.doFilter(request, response);
            return;
        }
        response.sendRedirect(request.getContextPath()
                + "/admin/login/login.jsp");
```

```
    }
    public void destroy(){
    }
}
```

从上述代码可以观察到,所有的请求都要经过该过滤器,如果 Session 中 USER_SESSION 是非空的,就表示该用户是通过验证的用户,直接放行。否则,页面跳转回登录页面。

2. 测试过滤器

打开一个新的浏览器,输入 http://localhost:8080/webItemDemo/frame.jsp,页面会自动跳转回登录页面,输入 http://localhost:8080/webItemDemo/LoginServlet,页面也会自动跳转回登录页面。

从测试可以看出,避免非法访问,过滤器启用成功。

3.7 框架页面模块

用户登录成功进入 frame 框架页面,系统的页面框架是通过 <frameset> 标签来组织的,如文件 3-10 所示。

文件 3-10 frame.jsp

```
<%@ page language="java" contentType="text/html;charset=UTF-8"
    pageEncoding="UTF-8"%>
<!DOCTYPE html PUBLIC "-//W3C//DTD HTML 4.01 Transitional//EN"
"http://www.w3.org/TR/html4/loose.dtd">
<html>
<head>
<meta http-equiv="Content-Type" content="text/html;charset=UTF-8">
<title>Insert title here</title>
</head>
<frameset rows="60,*">
    <frame name="top" src="top.jsp">
    <frameset cols="140,*" id="main">
        <frame name="left"    src="left.jsp">
        <frame name="right" src="right.jsp">
```

```
</frameset>
</frameset>
</html>
```

其中 top.jsp 页面代码如下:

```
<body bgcolor="#1D7AD9">
    <div class="div1">
    欢迎您:${sessionScope.USER_SESSION.username}
    </div>
</body>
```

其中 left.jsp 页面代码如下:

```
<%@ page language="java" pageEncoding="UTF-8"%>
<html>
<head>
    <meta http-equiv="Content-Type" content="text/html;charset=UTF-8"/>
    <title>菜单</title>
    <link href="${pageContext.request.contextPath}/css/left.css"
        rel="stylesheet" type="text/css">
    <script type="text/javascript">
    function exitSys(){
        var flag=window.confirm("确认退出系统吗?");
        if(flag){
            window.top.open('','_parent','');
            window.top.close();
        }
    }
    </script>
</head>
    <body>
        <table width="100%" border="0">
            <tr>
```

```
            <td> <a href ="${pageContext.request.contextPath}/
ListItemCategoryServlet" target="right" class="left_list">产品类别管理</a></
td>
          </tr>
          <tr>
            <td> <a href="${pageContext.request.contextPath}/ListItemServlet"
target="right" class="left_list">产品管理</a></td>
          </tr>
          <tr>
            <td> <a href="${pageContext.request.contextPath}/ListUserServlet"
target="right" class="left_list">用户管理</a></td>
          </tr>
          <tr>
            <td> <a href="javascript:void(0)"
            onclick="exitSys()" class="left_list">
            退出系统</a></td>
          </tr>
      </table>
    </body>
</html>
```

3.8 产品类别管理模块

产品类别模块实现了对产品类别的列显、添加、修改和删除功能。接下来将对这几个功能的实现进行详细讲解。

3.8.1 产品类别列显

产品类别的列显页面如图 3-11 所示,它提供分页查看功能。

图 3-11　产品类别列显页面

1. 编写分页工具类

在 utils 包下创建 PageBean 类,具体代码如文件 3-11 所示。

文件 3-11　PageBean.java

```java
public class PageBean <T> {
    private int currentPage;              //当前页
    private int totalCount;               //总记录数
    private int pageSize;                 //每页显示的记录数
    private int totalPage;                //总页
    private boolean hasNext = false;      //是否有下一页
    private boolean hasPre = false;       //是否有上一页
    private boolean hasFirst = false;     //是否有首页
    private boolean hasLast = false;      //是否有尾页
    private List <T> rows;                //当前页的记录
    private Integer start;                //起始行
    public Integer getStart() {
        return (currentPage - 1) * pageSize;
    }
    public void setStart(Integer start) {
        this.start = start;
    }
    public int getCurrentPage() {
        return currentPage;
    }
```

```java
public void setCurrentPage(int currentPage){
    this.currentPage = currentPage;
}
public int getTotalCount(){
    return totalCount;
}
public void setTotalCount(int totalCount){
    this.totalCount = totalCount;
}
public int getPageSize(){
    return pageSize;
}
public void setPageSize(int pageSize){
    this.pageSize = pageSize;
}
public int getTotalPage(){
    if(totalCount % pageSize != 0){
      totalPage = totalCount/pageSize + 1;
    } else {
        totalPage = totalCount/pageSize;
    }
    return totalPage;
}
public void setTotalPage(int totalPage){
    this.totalPage = totalPage;
}
public boolean isHasNext(){
    if(currentPage < totalPage){
        hasNext = true;
    }
    return hasNext;
}
```

```java
public void setHasNext(boolean hasNext){
    this.hasNext = hasNext;
}
public boolean isHasPre(){
    if(currentPage > 1){
        hasPre = true;
    }
    return hasPre;
}
public void setHasPre(boolean hasPre){
    this.hasPre = hasPre;
}
public boolean isHasFirst(){
    if(currentPage != 1){
        hasFirst = true;
    }
    return hasFirst;
}
public void setHasFirst(boolean hasFirst){
    this.hasFirst = hasFirst;
}
public boolean isHasLast(){
    if(currentPage != totalPage){
        hasLast = true;
    }
    return hasLast;
}
public void setHasLast(boolean hasLast){
    this.hasLast = hasLast;
}
public List<T> getRows(){
    return rows;
```

```java
    }
    public void setRows(List<T> rows) {
        this.rows = rows;
    }
    @Override
    public String toString() {
        return "PageBean [currentPage = " + currentPage + ", totalCount = "
            + totalCount + ", pageSize = " + pageSize + ", totalPage = "
            + totalPage + ", hasNext = " + hasNext + ", hasPre = " + hasPre
            + ", hasFirst = " + hasFirst + ", hasLast = " + hasLast
            + ", rows = " + rows + "]";
    }
}
```

2. 创建实体类

在 domain 包中，创建实体类产品类别 ItemCategory，核心代码参看文件 3-12。

文件 3-12　ItemCategory.java

```java
public class ItemCategory extends PageBean<ItemCategory> {
    private Integer cid;
    private String cateName;
    /* 提供 get/set 及 toString 方法 */
    public Integer getCid() {
        return cid;
    }
    public void setCid(Integer cid) {
        this.cid = cid;
    }
    public String getCateName() {
        return cateName;
    }
    public void setCateName(String cateName) {
        this.cateName = cateName;
```

```java
}
@Override
public String toString() {
    return "ItemCategory [ cid =" + cid +", cateName =
        " + cateName +"]";
}
/* 提供有参与无参的构造方法 */
public ItemCategory(Integer cid, String cateName) {
    super();
    this.cid = cid;
    this.cateName = cateName;
}
public ItemCategory() {
    super();
}
}
```

3. 创建 Servlet

在 controller 包下创建 ListItemCategoryServlet 类,该类代码如文件 3-13 所示。

文件 3-13　ListItemCategoryServlet.java

```java
@WebServlet("/ListItemCategoryServlet")
public class ListItemCategoryServlet extends HttpServlet {
    private static final long serialVersionUID = 1L;
    protected void doGet(HttpServletRequest request,
            HttpServletResponse response)
                throws ServletException, IOException {
        int currentPage = 1;
        int pageSize = 5;
        String _currentPage = request.getParameter("currentPage");
        if(_currentPage != null) {
            currentPage = Integer.parseInt(_currentPage);
        }
```

```
//1. 创建 Service 层的对象
ItemCategoryService service = new ItemCategoryServiceImpl();
//2. 调用 Service 层分页查询的方法
PageBean<ItemCategory> pageBean = service
        .findItemCategoryByPage(currentPage, pageSize);
System.out.println(pageBean.toString());
//3. 将查询出的结果对象放进 request 域中
request.setAttribute("pageBean", pageBean);
//4. 重定向到 list.jsp 页面
request.getRequestDispatcher("admin/itemCategory/list.jsp")
        .forward(request, response);
    }
    protected void doPost(HttpServletRequest request,
            HttpServletResponse response)
                throws ServletException, IOException {
        this.doGet(request, response);
    }
}
```

4. 编写 Service 接口及实现类

（1）创建用户 Service 接口。在 service 包中创建 ItemCategoryService 接口，并在该接口中编写一个 findItemCategoryByPage() 的方法，如文件 3-14 所示。

文件 3-14　ItemCategoryService.java

```
public interface ItemCategoryService {
    //分页查询
    public PageBean<ItemCategory> findItemCategoryByPage(int currentPage, int pageSize);
}
```

（2）创建用户 Service 接口的实现类。在 service 包下创建 ItemCategoryService 接口的实现类 ItemCategoryServiceImpl，如文件 3-15 所示。

文件 3-15　ItemCategoryServiceImpl.java

```java
package service;
import java.util.List;
import utils.PageBean;
import dao.ItemCategoryDao;
import dao.ItemCategoryDaoImpl;
import dao.ItemDao;
import dao.ItemDaoImpl;
import domain.Item;
import domain.ItemCategory;
public class ItemCategoryServiceImpl implements ItemCategoryService {
    //为使多个成员方法都可以访问这个对象,将其定义在成员位置
    private ItemCategoryDao itemCategoryDao = new ItemCategoryDaoImpl();
    private ItemDao itemDao = new ItemDaoImpl();
    @Override
    public PageBean<ItemCategory> findItemCategoryByPage(int currentPage,int pageSize){
        //查询列表
        ItemCategory itemCategory = new ItemCategory();
        itemCategory.setCurrentPage(currentPage);
        itemCategory.setPageSize(pageSize);
        List<ItemCategory> rows = itemCategoryDao
                    .findItemCategoryList(itemCategory);
        System.out.println("rows.size:" + rows.size());
        //查询列表总记录数
        Integer totalCount = itemCategoryDao
                    .findItemCategoryListCount(itemCategory);
        //创建 PageBean 返回对象
        PageBean<ItemCategory> result = new PageBean<ItemCategory>();
        result.setPageSize(pageSize);
        result.setCurrentPage(currentPage);
        result.setRows(rows);
```

```
        result.setTotalCount(totalCount);
        return result;
    }
}
```

5. 编写 DAO 接口及实现类

(1) 创建用户 DAO 接口。在 dao 包中创建 ItemCategoryDao 接口,并在该接口中编写方法,如文件 3-16 所示。

文件 3-16　ItemCategoryDao.java

```
package dao;
import java.util.List;
import domain.ItemCategory;
public interface ItemCategoryDao {
    //获取指定条件的数据集合
    public List<ItemCategory> findItemCategoryList(ItemCategory itemCategory);
    //获取指定条件的总记录数
    public Integer findItemCategoryListCount(ItemCategory itemCategory);
}
```

(2) 创建用户 DAO 接口的实现类。在 dao 包下创建 ItemCategoryDao 接口的实现类 ItemCategoryDaoImpl,如文件 3-17 所示。

文件 3-17　ItemCategoryDaoImpl.java

```
public class ItemCategoryDaoImpl implements ItemCategoryDao {
    //获取指定条件的数据集合
    @Override
    public List<ItemCategory> findItemCategoryList(ItemCategory itemCategory) {
        //1. QueryRunner
        QueryRunner runner
            = new QueryRunner(DataSourceUtils.getDataSource());
        //2. SQL
        String sql = "select * from itemCategory where 1=1 ";
        if (itemCategory != null && itemCategory.getCateName() != null
```

```
                && itemCategory.getCateName()!=""){
        sql = sql +" and   cateName like '%"
                + itemCategory.getCateName()
                + "%'";
}
sql = sql +" limit ?,?";
System.out.println(sql);
//3.执行 SQL—— BeanListHandler
Object[] obj = null;
obj = new Object[]{(itemCategory.getCurrentPage() - 1)
     * itemCategory.getPageSize(),itemCategory.getPageSize()};
List<ItemCategory> list = null;
try{
    list = runner.query(sql, obj,
      new BeanListHandler<ItemCategory>(ItemCategory.class));
} catch (SQLException e){
    //TODO Auto-generated catch block
    e.printStackTrace();
}
return list;
}
//获取指定条件的总记录数
@Override
public Integer findItemCategoryListCount(ItemCategory itemCategory){
    //1. 获取连接池,得到一个 QueryRunner 对象
    QueryRunner queryRunner = new QueryRunner(
            DataSourceUtils.getDataSource());
    //2. 拼接 SQL 语句
    String sql ="select   count(*)    from itemCategory where 1 = 1 ";
    if (itemCategory!= null && itemCategory.getCateName()!= null
            && itemCategory.getCateName()!=""){
        sql = sql +" and   cateName like '%"
```

```
            + itemCategory.getCateName()
            + "%'";
    }
    //3. 执行 SQL—ScalarHandler
    try {
        Long count = queryRunner.query(sql,
                        new ScalarHandler<Long>());
        return count.intValue();
    } catch (SQLException e) {
        //TODO Auto-generated catch block
        e.printStackTrace();
    }
    return 0;
}
```

上述代码使用了 DBUtils 工具,BeanHandler 和 BeanListHandler 实现类负责将结果集中的数据封装到对应的 JavaBean 实例中。如需要输出结果集中某条记录的指定字段值,可使用 ScalarHandler 类。上述代码用到了 BeanListHandler 及 ScalarHandler。

6. 编写分页列显页面

在 Webcontent 文件夹下创建 admin/itemCategory 子文件夹,在 itemCategory 文件夹下创建 list.jsp 文件,该页面关键代码如文件 3-18 所示。

文件 3-18　list.jsp

```
<%@ page language="java" contentType="text/html;charset=UTF-8"
    pageEncoding="UTF-8"%>
<%@ taglib prefix="c" uri="http://java.sun.com/jsp/jstl/core"%>
<HTML>
<HEAD>
<meta http-equiv="Content-Language" content="zh-cn">
<meta http-equiv="Content-Type" content="text/html;charset=UTF-8">
<script type="text/javascript">
```

```
//添加
function addItemCategory(){
    window.location.href =
        "${pageContext.request.contextPath}/admin/itemCategory/add.jsp";
}
//删除
function itc_del(){
    var msg="您确定要删除该类别吗?";
    if(confirm(msg)==true){
        return true;
    }else{
        return false;
    }
}
</script>
</HEAD>
    <body>
    <br/>
    <table cellSpacing="1" cellPadding="0" width="100%" align="center"
        border="0">
        <tr>
            <td align="right">
                <button type="button" id="add" name="add" value="添加"
                    onclick="addItemCategory()">添加</button>
            </td>
        </tr>
        <tr>
            <td align="center">
                <table cellspacing="1" cellpadding="1" width="100%"
                    border=1>
                    <tr bgcolor="#afd1f3">
                        <td align="center" colspan="4">产品类别列显
```

```html
            </td>
        </tr>
        <tr bgcolor="#afd1f3">
            <td align="center" width="30%">编号</td>
            <td align="center" width="40%">名称</td>
            <td align="center" width="15%">编辑</td>
            <td align="center" width="15%">删除</td>
        </tr>
        <!-- 循环输出所有产品类别-->
        <c:forEach items="${pageBean.rows}" var="c">
            <tr>
                <td align="center" width="200">
                    ${c.cid}</td>
                <td align="center" width="18%">
                    ${c.cateName}</td>
                <td align="center" style="HEIGHT:22px"
                    width="7%"><a href="
                    FindItemCategoryByCidServlet?cid=${c.cid}">
                    编辑</a></td>
                <td align="center" style="HEIGHT:22px"
                    width="7%"><a href="
                    DeleteItemCategoryServlet?cid=${c.cid}"
                    onclick="javascript:return itc_del()"
                    >删除</a></td>
            </tr>
        </c:forEach>
    </table>
    </td>
 </tr>
</table>
<table border="0" cellspacing="0" cellpadding="0" width="900px">
```

```
            <tr>
                <td align="right">
                    <span>
                        ${pageBean.currentPage}/${pageBean.totalPage}页
                    </span>
                    <span><c:if test="${pageBean.hasFirst}">
                            <a href="ListItemCategoryServlet?currentPage=1">[首页]</a>  
                        </c:if>
                        <c:if test="${pageBean.hasPre}">
                            <a href="ListItemCategoryServlet?currentPage=${pageBean.currentPage-1}">[上一页]</a>  
                        </c:if>
                        <c:if test="${pageBean.hasNext}">
                            <a href="ListItemCategoryServlet?currentPage=${pageBean.currentPage+1}">[下一页]</a>  
                        </c:if>
                        <c:if test="${pageBean.hasLast}">
                            <a href="ListItemCategoryServlet?currentPage=${pageBean.totalPage}">[尾页]</a>  
                        </c:if>
                    </span>
                </td>
            </tr>
        </table>
    </body>
</HTML>
```

7. 测试分页功能

发布项目并启动 Tomcat 服务器后，能进入到产品类别管理页面，查看所有的产品类别信息，并且这些信息支持分页显示。

3.8.2 添加产品类别

在本项目中,添加产品类别的操作是通过页面实现的,单击"添加"按钮,将跳转到产品类别添加页面,如图 3-12 所示。

图 3-12　产品类别添加页面

1. 编写添加页面

在 Webcontent/admin/itemCategory 子文件夹下创建 add.jsp 文件,该页面关键代码如文件 3-19 所示。

文件 3-19　add.jsp

```
< form   name = "Form1"
    action = " $ { pageContext. request. contextPath }/AddItemCategoryServlet" method = "post" >
    < table  cellSpacing = "1"  cellPadding = "5"  width = "100%"  align = "center"  border = 1 >
        < tr bgcolor = "#afd1f3" >
            < td   align = "center" colSpan = "4" height = "26" >
                <STRONG>添加产品类别</STRONG>
            </td>
        </tr>
        < tr >
            < td align = "center" >类别名称:</td>
            < td > < input type = "text" name = "cateName" class = "bg" /> 
            </td>


        </tr>
        < tr >
            < td   align = "center" colSpan = "4" >
                < input type = "submit"   value = "确定" >  
```

```
               <input type="reset" value="重置" >  
               <INPUT type="button" onclick="history.go(-1)"
                                    value="返回"/>
          </td>
     </tr>
</table>
</form>
```

2. 创建 Servlet

在 controller 包下创建 AddItemCategoryServlet 类,该类用来获取用户输入的表单信息,调用 Service 完成添加产品类别操作,核心代码如文件 3-20 所示。

文件 3-20　AddItemCategoryServlet.java

```
protected void doPost(HttpServletRequest request, HttpServletResponse response)
throws ServletException, IOException {
    //文本乱码
    request.setCharacterEncoding("UTF-8");
    //解决页面输出中文乱码问题
    response.setContentType("text/html;charset=UTF-8");
    String cateName = request.getParameter("cateName");
    ItemCategory itemCategory = new ItemCategory();
    itemCategory.setCateName(cateName);
    ItemCategoryService service = new ItemCategoryServiceImpl();
    try {
        //调用 Service 完成添加产品类别操作
        service.addItemCategory(itemCategory);
        response.sendRedirect(request.getContextPath()
                + "/ListItemCategoryServlet");
        return;
    } catch (Exception e) {
        e.printStackTrace();
        response.getWriter().write("添加产品类别失败");
```

```
            return;
        }
}
```

3. 编写 Service 接口及实现类

(1) 编辑接口。在 ItemCategoryService.java 文件中,添加 addItemCategory() 方法,代码如下:

```java
//添加一个 ItemCategory 对象
public int addItemCategory(ItemCategory itemCategory);
```

(2) 编辑实现类。在 ItemCategoryServiceImpl 文件中,实现 addItemCategory() 方法,代码如下:

```java
//添加一个 ItemCategory 对象
public int addItemCategory(ItemCategory itemCategory){
    //处理具体的业务逻辑
    //1. 要验证"类别名称"是否存在
    ItemCategory resultItemCategory = this.itemCategoryDao
            .findByCateName(itemCategory.getCateName());
    System.out.println(resultItemCategory);
    if(resultItemCategory != null){//表示这个名称已经存在
        return 0;//结束方法执行,立即返回 0
    }else{
        //2. 执行保存
        int row = itemCategoryDao.addItemCategory(itemCategory);
        return row;
    }
}
```

4. 编写 DAO 接口及实现类

(1) 编辑接口。在 ItemCategoryDao.java 文件中,添加 addItemCategory() 方法,代码如下:

```
//添加类别
public int addItemCategory(ItemCategory itemCategory);
```

（2）编辑实现类。在 ItemCategoryDaoImpl 文件中，实现 addItemCategory()方法，其代码如下：

```
//添加类别
public int addItemCategory(ItemCategory itemCategory){
    int row = 0;
    //1. 获取连接池,得到一个 QueryRunner 对象
    QueryRunner runner = new QueryRunner(DataSourceUtils.getDataSource());
    //2. 封装 SQL 语句
    String strSQL = "insert into itemCategory(catename) values('"
            + itemCategory.getCateName() + "')";
    //3. 执行,获取受影响的记录行数
    try{
        row = runner.update(strSQL);
    }catch(SQLException e){
        e.printStackTrace();
    }
    return row;
};
```

5. 测试添加产品类别功能

至此，完成添加产品类别的实现代码编写。发布项目并启动 Tomcat 服务器后，进入产品类别管理页面，单击"添加"按钮，填写产品类别信息，如图 3-13 所示。

图 3-13　添加产品类别信息

第3章 Web版产品管理系统(JSP+Servlet+JavaBean)

单击图 3-13 中的"确定"按钮,如果程序正确执行,则会刷新产品类别管理窗体的类别信息,如图 3-14 所示。

产品类别列显			
编号	名称	编辑	删除
11	经营	编辑	删除
12	考试	编辑	删除
13	艺术	编辑	删除
14	计算机	编辑	删除
15	测试类别	编辑	删除

3/3页 [首页] [上一页]

图 3-14 查看产品类别

从图 3-14 可以看出,新创建的产品类别"测试类别"的信息已正确查询出来,产品类别的添加功能已成功实现。

3.8.3 编辑产品类别

点击产品类别信息列表某行的"编辑"链接,会弹出产品类别编辑页面,供用户进行产品类别修改,如图 3-15 所示。

编辑产品类别	
类别名称:	测试类别
	确定　重置　返回

图 3-15 编辑产品类别页面

1. 编写编辑页面

在 Webcontent/admin/itemCategory 子文件夹下创建 edit.jsp 文件,该页面关键代码如文件 3-21 所示。

文件 3-21 edit.jsp

```
< form name = "Form1"
    action = " ${ pageContext. request. contextPath }/UpdateItemCategoryServlet"
method = "post" >
    < table cellSpacing = "1" cellPadding = "5" width = "100%" align = "center" border
= "1" >
        < tr  bgcolor = "#afd1f3" >
```

```
            < td    align = "center"    colSpan = "4" height = "26" >
                < strong >编辑产品类别</ strong >
            </ td >
        </ tr >
        < tr >
            < td align = "center" >类别名称：</ td >
            < td >
                < input type = "hidden" name = "cid"    value = "${itemCategory
                    .cid}"  / >
                < input type = "text" name = "cateName"    value = "${itemCategory
                    .cateName}"/ >
            </ td >
        </ tr >
        < tr >
            < td    align = "center"    colSpan = "4" >
                < input type = "submit"    value = "确定" >  
                < input type = "reset" value = "重置"   / >  
                < input type = "button" onclick = "history.go( -1)"
                        value = "返回"/ >
            </ td >
        </ tr >
    </ table >
</ form >
```

2. 创建 Servlet

（1）在 controller 包下创建 FindItemCategoryByCidServlet 类，该类用来完成查找数据回显，代码如文件 3-22 所示。

文件 3-22　FindItemCategoryByCidServlet.java

```
@WebServlet("/FindItemCategoryByCidServlet")
public class FindItemCategoryByCidServlet extends HttpServlet {
    private static final long serialVersionUID = 1L;
    public FindItemCategoryByCidServlet() {
```

```java
        super();
    }
    protected void doGet(HttpServletRequest request,
        HttpServletResponse response)
            throws ServletException, IOException {
        //文本乱码
        request.setCharacterEncoding("UTF-8");
        //解决页面输出中文乱码问题
        response.setContentType("text/html;charset=UTF-8");
        String cid = request.getParameter("cid");
        ItemCategoryService service = new ItemCategoryServiceImpl();
        try {
            //调用 Service 完成添加产品类别操作
            ItemCategory itemCategory = service
                    .findItemCategoryByCid(Integer.parseInt(cid));
            request.setAttribute("itemCategory", itemCategory);
            request.getRequestDispatcher("/admin/itemCategory/edit.jsp")
                    .forward(request, response);
            return;
        } catch (Exception e) {
            e.printStackTrace();
            response.getWriter().write("查找产品类别失败");
            return;
        }
    }
    protected void doPost(HttpServletRequest request,
        HttpServletResponse response)
            throws ServletException, IOException {
        this.doGet(request, response);
    }
}
```

(2)在 controller 包下创建 UpdateItemCategoryServlet 类,该类用来完成数据修改,代码如文件 3-23 所示。

文件 3-23　UpdateItemCategoryServlet.java

```java
@WebServlet("/UpdateItemCategoryServlet")
public class UpdateItemCategoryServlet extends HttpServlet {
    private static final long serialVersionUID = 1L;
    public UpdateItemCategoryServlet() {
        super();
    }
    protected void doGet(HttpServletRequest request,
            HttpServletResponse response)
                throws ServletException, IOException {
        this.doPost(request, response);
    }
    protected void doPost(HttpServletRequest request,
            HttpServletResponse response)
                throws ServletException, IOException {
        ItemCategory itemCategory = new ItemCategory();
        try {
            BeanUtils.populate(itemCategory, request.getParameterMap());
            ItemCategoryService service = new ItemCategoryServiceImpl();
            service.updateItemCategory(itemCategory);
            response.sendRedirect(request.getContextPath()
                    + "/ListItemCategoryServlet");
        } catch (IllegalAccessException e) {
            //TODO Auto-generated catch block
            e.printStackTrace();
        } catch (InvocationTargetException e) {
            //TODO Auto-generated catch block
            e.printStackTrace();
        }
    }
}
```

3. 编写 Service 接口及实现类

（1）编辑 Service 接口。在 ItemCategoryService.java 文件中，添加下方方法，其代码如下：

```
//修改
public int updateItemCategory(ItemCategory itemCategory);
//通过 id 查询一条记录
public ItemCategory findItemCategoryByCid(Integer cid);
```

（2）编辑 Service 接口实现类。在 ItemCategoryServiceImpl 文件中，实现添加的方法，其代码如下：

```
//为使多个成员方法都可以访问这个对象,将其定义在成员位置。
private ItemCategoryDao itemCategoryDao = new ItemCategoryDaoImpl();
private ItemDao itemDao = new ItemDaoImpl();
//修改
public int updateItemCategory(ItemCategory itemCategory){
    //1. 先查询一下这个修改名称是否重复
    ItemCategory resultItemCategory = this.itemCategoryDao
            .findByCateNameAndNotId(itemCategory.getCateName()
            ,itemCategory.getCid());
    if(resultItemCategory != null){
    //已经有这个 cateName 的记录了,不允许修改为这个名称
        return 0;
    }
    //2. 执行修改
    return itemCategoryDao.updateItemCategory(itemCategory);
}
//通过 id 查询一条记录
public ItemCategory findItemCategoryByCid(Integer cid){
    return itemCategoryDao.findItemCategoryByCid(cid);
}
```

4. 编写 DAO 接口及实现类

(1)编辑 DAO 接口。在 ItemCategoryDao.java 文件中,添加下方方法,其代码如下:

```
//修改一条记录
public int updateItemCategory(ItemCategory itemCategory);
//通过 id 查询一条数据
public ItemCategory findItemCategoryByCid(Integer cid);
//查询类别名称=cateName,但 cid 不等于参数 cid 的记录
public ItemCategory findByCateNameAndNotId(String cateName, int cid);
```

(2)编辑 DAO 接口实现类。在 ItemCategoryDaoImpl 文件中,实现添加的方法,其代码如下:

```
//修改一条记录
public int updateItemCategory(ItemCategory itemCategory){
    int row = 0;
    //1. 获取连接池,得到一个 QueryRunner 对象
    QueryRunner runner = new QueryRunner(DataSourceUtils.getDataSource());
    //2. 封装 SQL 语句
    String strSQL = "update  itemCategory set catename = '"
            + itemCategory.getCateName() + "' where cid = "
            + itemCategory.getCid();
    System.out.println(strSQL);
    //3. 执行,获取受影响的记录行数
    try{
        row = runner.update(strSQL);
    } catch (SQLException e){
        e.printStackTrace();
    }
    return row;
};
//通过 id 查询一条数据
```

```java
public ItemCategory findItemCategoryByCid(Integer cid){
    ItemCategory itemCategory = null;
    //1. 获取连接池,得到一个QueryRunner对象
    QueryRunner runner = new QueryRunner(DataSourceUtils.getDataSource());
    //2. 封装SQL语句
    String strSQL = "select * from   ItemCategory where cid = " + cid;
    try{
        //3. 执行BeanHandler
        itemCategory = runner.query(strSQL
                , new BeanHandler<ItemCategory>(ItemCategory.class));
    }catch(SQLException e){
        e.printStackTrace();
    }
    return itemCategory;
};
//查询类别名称=cateName,但cid不等于参数cid的记录
public ItemCategory findByCateNameAndNotId(String cateName, int cid){
    ItemCategory itemCategory = null;
    //1. 获取连接池,得到一个QueryRunner对象
    QueryRunner runner = new QueryRunner(DataSourceUtils.getDataSource());
    //2. 封装SQL语句
    String strSQL = "select * from   ItemCategory where cateName = '"
            + cateName + "'   and cid! =" + cid + " ";
    System.out.println(strSQL);
    try{
        //3. 执行BeanHandler
        itemCategory = runner.query(strSQL, new BeanHandler<ItemCategory>(
                ItemCategory.class));
    }catch(SQLException e){
        e.printStackTrace();
    }
    return itemCategory;
}
```

5. 测试修改产品类别功能

至此,修改产品类别的实现代码就已经编写完成。发布项目并启动 Tomcat 服务器后,进入产品类别管理页面,点选"测试类别"所在行的"修改"链接,跳转到修改页面,供用户填写修改信息,如图 3-16 所示。

图 3-16　产品类别修改

再次单击"确定",会刷新产品类别管理页面的类别信息,如图 3-17 所示。

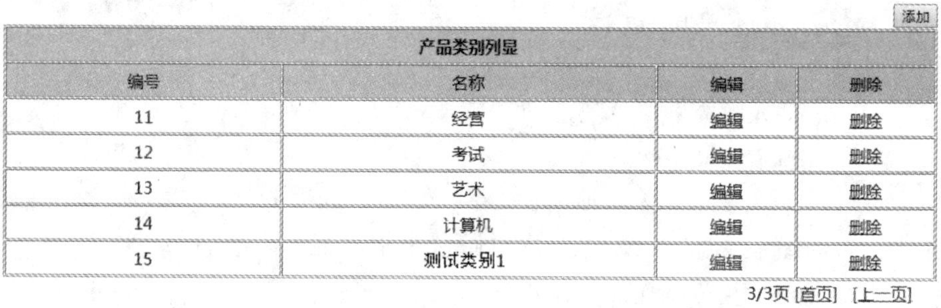

产品类别列显			
编号	名称	编辑	删除
11	经营	编辑	删除
12	考试	编辑	删除
13	艺术	编辑	删除
14	计算机	编辑	删除
15	测试类别1	编辑	删除

3/3页 [首页] [上一页]

图 3-17　产品类别信息

从图 3-17 可以看出,产品类别的修改功能已成功实现。

3.8.4　删除产品类别

点击产品类别信息列表某行的"删除"链接,会弹出删除确认框,如图 3-18 所示。

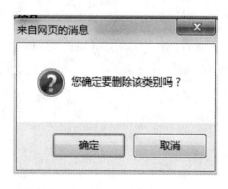

图 3-18　删除确认框

1. 创建持久化类

在 domain 包中，创建产品 Item 类，代码参看文件 3-24。

文件 3-24　Item.java

```
public class Item  extends PageBean < Item >  {
    private Integer id;                          //产品 id
    private String name;                         //产品名称
    private double price;                        //产品价格
    private Date createtime;                     //产品创建时间
    private Integer  cid;                        //产品类别 cid
    private ItemCategory  itemCategory;          //产品类别
    private String description;                  //产品描述
    private int pnum;                            //数量
    private String imgurl;                       //图片位置
    /* 提供 get/set 及 toString 方法,此处代码省略 */
}
```

2. 创建 Servlet

在 controller 包下创建 DeleteItemCategoryServlet 类，该类用来完成删除功能，代码如文件 3-25 所示。

文件 3-25　DeleteItemCategoryServlet.java

```
protected void doPost(HttpServletRequest request,
        HttpServletResponse response)
                throws ServletException, IOException {
    //文本乱码
    request.setCharacterEncoding("UTF-8");
    //解决页面输出中文乱码问题
    response.setContentType("text/html;charset = UTF-8");
    String cid = request.getParameter("cid");
    ItemCategoryService service = new ItemCategoryServiceImpl();
    try {
        //调用 Service 完成添加产品类别操作
        service.deleteItemCategoryByCid(Integer.parseInt(cid));
```

```
            response. sendRedirect( request. getContextPath( )
                    + "/ListItemCategoryServlet");
            return;
        } catch ( Exception e) {
            e. printStackTrace( );
            response. getWriter( ). write("删除产品类别失败");
            return;
        }
    }
```

3. 编写 Service 接口及实现类

(1)编辑 Service 接口。在 ItemCategoryService. java 文件中,编写方法,代码如下:

```
//删除
public int deleteItemCategoryByCid( Integer cid);
```

(2)编辑 Service 接口实现类。在 ItemCategoryServiceImpl 文件中,实现方法,代码如下:

```
//删除
public int deleteItemCategoryByCid( Integer cid) {
    //验证这个 ItemCategory 对象是否被使用(要查询 item 表)
    Item item = this. itemDao. findItemByCid( cid);
    if ( item ! = null) {
        System. out. println("这条记录已经被 Item 表使用,禁止删除!");
        return 0;
    }
    return itemCategoryDao. deleteItemCategoryByCid( cid);
}
```

4. 编写 DAO 接口及实现类

(1)创建 DAO 接口。在 dao 包下创建 ItemDao 类,在该类中编写如下方法,代码如文件 3-26 所示。

第3章 Web版产品管理系统(JSP + Servlet + JavaBean)

文件3-26　ItemDao.java

```java
package dao;
import java.util.List;
import domain.Item;
import domain.QueryForm;
public interface ItemDao {
    //按cid查询符合条件的一笔记录
    public Item findItemByCid(Integer cid);
}
```

（2）创建DAO接口实现类。在dao包下创建ItemDaoImpl类，在该类中实现上述接口的方法，代码如文件3-27所示。

文件3-27　ItemDaoImpl.java

```java
@Override
public Item findItemByCid(Integer cid){
    Item item = null;
    //1.获取连接池,得到一个QueryRunner对象
    QueryRunner queryRunner = new QueryRunner(
            DataSourceUtils.getDataSource());
    //2.构建SQL语句
    String strSQL = "SELECT   * from item where cid = " + cid + " ";
    System.out.println("strSQL:" + strSQL);
    //3.执行
    try {
        item = queryRunner.query(strSQL, new ResultSetHandler<Item>(){
            @Override
            public Item handle(ResultSet rs) throws SQLException {
                Item item = null;
                if (rs.next()){
                    item = new Item();
                    item.setCid(rs.getInt("cid"));
                    item.setCreatetime(rs.getDate("createtime"));
```

```
                    item.setDescription(rs.getString("description"));
                    item.setId(rs.getInt("id"));
                    item.setImgurl(rs.getString("imgurl"));
                    ItemCategory itemCategory = new ItemCategory();
                    itemCategory.setCid(rs.getInt("cid"));
                    itemCategory.setCateName(rs.getString("cateName"));
                    item.setItemCategory(itemCategory);
                    item.setName(rs.getString("name"));
                    item.setPnum(rs.getInt("pnum"));
                    item.setPrice(rs.getDouble("price"));
                }
                return item;
            }
        });
    } catch (SQLException e) {
        //TODO Auto-generated catch block
        e.printStackTrace();
    }
    return item;
}
```

(3) 编辑 DAO 接口。在 ItemCategoryDao.java 文件中,添加方法,代码如下:

```
//通过 id 删除一条记录
public int deleteItemCategoryByCid(Integer cid);
```

(4) 编辑 DAO 接口实现类。在 ItemCategoryDaoImpl.java 文件中,实现上述方法,代码如下:

```
//通过 id 删除一条记录
public int deleteItemCategoryByCid(Integer cid){
    int row = 0;
    //1. 获取连接池,得到一个 QueryRunner 对象
    QueryRunner runner = new QueryRunner(DataSourceUtils.getDataSource());
```

```
//2. 封装SQL语句
String strSQL = "delete from  itemCategory where cid = " + cid;
System.out.println(strSQL);
//3. 执行,获取受影响的记录行数
try {
    row = runner.update(strSQL);
} catch (SQLException e) {
    e.printStackTrace();
}
return row;
};
```

5. 测试删除产品类别功能

至此,完成删除产品类别的代码编写。发布项目并启动 Tomcat 服务器,进入产品类别管理页面,点选"测试类别"所在行的"删除"链接,弹出删除确认框,点击"确定",若该产品类别下未创建产品,则刷新产品类别管理页面的类别信息,若无法找到该产品类别,则表明完成删除产品类别操作。

3.9 产品管理模块

产品管理模块实现对产品的查询、添加、修改和删除功能。接下来详细讲解这几个功能的实现。

3.9.1 查询产品

如图 3-19 所示,产品管理模块中的查询提供了按条件分页查询的功能,如果未选择任何条件,那么产品信息列表将分页查询显示所有的数据。

图 3-19　产品按条件分页查询列显

1. 持久化类

(1) 查询实体类。在 domain 包中,创建 QueryForm.java,代码见文件 3-28。

文件 3-28　QueryForm.java

```java
package domain;
public class QueryForm {
    private   Item item;
    private   String minPrice;
    private   String maxPrice;
    public QueryForm(Item item) {
        super();
        this.item = item;
    }
    public QueryForm() {
        super();
    }
    public void setItem(Item item) {
        this.item = item;
    }
    public Item getItem() {
        return item;
```

```
}
public String getMinPrice( ) {
    return minPrice;
}
public void setMinPrice(String minPrice) {
    this.minPrice = minPrice;
}
public String getMaxPrice( ) {
    return maxPrice;
}
public void setMaxPrice(String maxPrice) {
    this.maxPrice = maxPrice;
}
}
```

(2)实体类。详看3.8.4 文件3-24 Item.java。

2. 编写分页列显页面

在 Webcontent 文件夹下创建 admin/item 子文件夹,在 item 文件夹下创建 list.jsp 文件,该页面关键代码如文件3-29 所示。

文件3-29　list.jsp

```
<%@ page language="java" contentType="text/html;charset=UTF-8"
    pageEncoding="UTF-8"%>
<%@ taglib prefix="c" uri="http://java.sun.com/jsp/jstl/core"%>
<HTML>
<HEAD>
<meta http-equiv="Content-Language" content="zh-cn">
<meta http-equiv="Content-Type" content="text/html;charset=UTF-8">
<link type="text/css" rel="stylesheet"
    href="${pageContext.request.contextPath}/css/Style.css">
<script type="text/javascript">
    //添加产品
    function addItem( ) {
```

```
            window.location.href =
                "${pageContext.request.contextPath}/GetItemCategorySERvlet";
        }
        //删除产品
        function item_del(){
            var msg="您确定要删除该产品吗?";
            if(confirm(msg)==true){
                return true;
            }else{
                return false;
            }
        }
        function query(){
            document.getElementById("currentPage").value="1";
            var form=document.getElementById('form1');
            form.setAttribute("action",
                "${pageContext.request.contextPath }/ListItemServlet");
            form.submit();
        }
        function changePage(i){
            document.getElementById("currentPage").value=i;
            var form=document.getElementById('form1');
            form.setAttribute("action",
                "${pageContext.request.contextPath }/ListItemServlet");
            form.submit();
        }
</script>
</HEAD>
<body>
    <br/>
    <table cellSpacing="1" cellPadding="0" width="100%" align="center"
        border="0">
```

```
            <tr bgcolor = "#afd1f3">
                <td    align = "center"> <strong>查询条件</strong> </td>
            </tr>
            <form id = "form1" name = "form1"
                action = "${pageContext.request.contextPath}/ListItemServlet"
                method = "post">
                <tr>
                    <td>
                        <table cellpadding = "1" cellspacing = "1" border = "0"
                            width = "100%">
                            <tr>
                                <td height = "22">产品名称:</td>
                                <td> <input type = "text" name = "name" size = "15"value = "${queryForm.name}" id = "name" class = "bg" /> </td>
                                <td height = "22">价格区间(元):</td>
                                <td> <input type = "text" name = "minPrice"
                                    size = "10"
                                    value = "${queryForm.minPrice}" />
                                    - <input type = "text"name = "maxPrice"
                                    size = "10"
                                    value = "${queryForm.maxPrice}" />
                                </td>
                                <td height = "25" align = "center">类别:</td>
                                <td colspan = "2">
                                    <select name = "cid" id = "cid">
                                        <option value = "999999">--请选择--</option>
                                        <c:forEach items = "${itemCategories}" var = "tmp">
                                            <option value = "${tmp.cid}"
                                                <c:if test = "${tmp.cid = = queryForm.cid}">
```

```
                        selected</c:if>>${tmp.cateName}
                        </option>
                    </c:forEach>
                </select>
                <input type="hidden" value="${currentPage}"
                    name="currentPage" id="currentPage"></td>
                <td align="right">
                    <button type="button" id="search" name
="search"value="&#26597;&#35810;;" onclick="query();">&#26597;&#35810;;
                    </button>
                    <input
                        type="reset" name="reset" value="&#37325;&#32622;;"/>
                </td>
            </tr>
        </table>
    </td>
</tr>
</form>
</table>
<table cellSpacing="1" cellPadding="0" width="100%" align="center"
    border="0">
    <tr>
        <td align=right>
            <button type="button" id="add" name="add" value="新增"
                onclick="addItem()">添加</button>
        </td>
    </tr>
    <tr>
        <td>
            <table cellspacing="0" cellpadding="1" border="1"
                width=100%>
```

```html
<tr bgcolor="#afd1f3">
    <td align="center" colspan="8">
        <strong>产品列表</strong>
    </TD>
</tr>
<tr bgcolor="#afd1f3">
    <td align="center">产品编号</td>
    <td align="center">产品名称</td>
    <td align="center">产品价格</td>
    <td align="center">产品数量</td>
    <td align="center">产品类别</td>
    <td align="center">图片</td>
    <td align="center">编辑</td>
    <td align="center">删除</td>
</tr>
<c:forEach items="${pageBean.rows}" var="e">
    <tr>
        <td align="center" width="8%">
            ${e.id}</td>
        <td align="center" width="18%">
            ${e.name}</td>
        <td align="center" width="8%">
            ${e.price}</td>
        <td align="center" width="8%">
            ${e.pnum}</td>
        <td align="center" width="12%">
            ${e.itemCategory.cateName}</td>
        <td align="center" width="20%">
            <c:if test="${empty e.imgurl}">
                <img
src="${pageContext.request.contextPath}/images/temp.jpg"
                    width="60"
```

```
                                    height = "60" >
                                </c:if>
                                <c:if test = "${not empty e.imgurl}" >
                                    <img
        src = "${pageContext.request.contextPath}${e.imgurl}"
                                    width = "60"
                                    height = "60" >

                                </c:if>
                            </td>
                            <td align = "center" width = "8%" > <a
      href = "${pageContext.request.contextPath}/FindItemByIdServlet?id = ${e.id}" >编辑 </a> </td>
                            <td align = "center" width = "8%" > <a
      href = "${pageContext.request.contextPath}/DeleteItemServlet?id = ${e.id}" onclick = "javascript:return item_del()" >删除 </a> </td>
                        </tr>
                    </c:forEach>
                </table>
            </td>
        </tr>
    </table>
    <table table border = "0" cellspacing = "0" cellpadding = "0" width = "90%" >
        <tr>
            <td align = "right" >
                <span >
                    ${pageBean.currentPage}页/ ${pageBean.totalPage}页
                </span>
                <span >
                    <c:if test = "${pageBean.hasFirst}" >
```

```
                    <a onclick="changePage(1)" href="#">[首页]</a>  
                </c:if>
                <c:if test="${pageBean.hasPre}">
                    <a onclick="changePage(${pageBean.currentPage-1})" href="#">[上一页]</a>  
                </c:if>
                <c:if test="${pageBean.hasNext}">
                    <a onclick="changePage(${pageBean.currentPage+1})" href="#">[下一页]</a>  
                </c:if>
                <c:if test="${pageBean.hasLast}">
                    <a onclick="changePage(${pageBean.totalPage})" href="#">[尾页]</a>  
                </c:if>
            </span></td>
        </tr>
    </table>
</body>
</HTML>
```

3. 创建 Servlet

在 controller 包下创建 ListItemServlet 类，该类用来完成带条件分页查询功能，核心代码如文件 3-30 所示。

文件 3-30　ListItemServlet.java

```java
protected void doGet(HttpServletRequest request,
        HttpServletResponse response)
                throws ServletException, IOException {
    //文本乱码
    request.setCharacterEncoding("UTF-8");
    //解决页面输出中文乱码问题
    response.setContentType("text/html;charset=UTF-8");
```

```java
        int currentPage = 1;
        int pageSize = 5;
        String _currentPage = request.getParameter("currentPage");
        if (_currentPage != null) {
            currentPage = Integer.parseInt(_currentPage);
        }
        QueryForm queryForm = new QueryForm();
        try {
            BeanUtils.populate(queryForm, request.getParameterMap());
            System.out.println("queryForm:" + queryForm.toString());
        } catch (IllegalAccessException e) {
            //TODO Auto-generated catch block
            e.printStackTrace();
        } catch (InvocationTargetException e) {
            e.printStackTrace();
        }
        //1. 创建 Service 层的对象
        ItemService service = new ItemServiceImpl();
        ItemCategoryService icService = new ItemCategoryServiceImpl();
        //2. 调用 Service 层的方法
        PageBean<Item> pageBean = service.findItemByPage(queryForm,
                currentPage, pageSize);
        System.out.println(pageBean.toString());
        List<ItemCategory> itemCategories = icService.findAll();
        //3. 将查询出的产品放进 request 域
        request.setAttribute("pageBean", pageBean);
        request.setAttribute("itemCategories", itemCategories);
        request.setAttribute("currentPage", currentPage);
        request.setAttribute("queryForm", queryForm);
        //4. 重定向到 list.jsp 页面
        request.getRequestDispatcher("/admin/item/list.jsp").forward(request,
                response);

}
```

4. 编写 Service 接口及实现类

（1）创建 Service 接口。在 service 包中创建 ItemService 接口，并在该接口中编写一个 findItemByPage( ) 的方法，如文件 3-31 所示。

文件 3-31　ItemService.java

```java
package service;
import java.util.List;
import utils.PageBean;
import dao.ItemDao;
import domain.Item;
import domain.QueryForm;
public interface ItemService {
    //带条件分页查询
    public PageBean<Item> findItemByPage(QueryForm queryForm, int currentPage, int pageSize);
}
```

（2）创建 Service 接口的实现类。在 service 包下创建 ItemService 接口的实现类 ItemServiceImpl.java，如文件 3-32 所示。

文件 3-32　ItemServiceImpl.java

```java
public class ItemServiceImpl implements ItemService {
    //带条件分页查询
    @Override
    public PageBean<Item> findItemByPage(QueryForm queryForm, int currentPage, int pageSize) {
        //查询列表
        List<Item> rows = itemDao
                .findItemList(queryForm, currentPage, pageSize);
        System.out.println("rows.size:" + rows.size());
        //查询列表总记录数
        Integer totalCount = itemDao.findItemListCount(queryForm);
        //创建 PageBean 返回对象
```

```
            PageBean < Item > result = new PageBean < Item > ( );
            result.setPageSize( pageSize );
            result.setCurrentPage( currentPage );
            result.setRows( rows );
            result.setTotalCount( totalCount );
            return result;
        }
    }
```

(3)编辑 ItemCategoryService 接口。在 ItemCategoryService 接口添加如下方法。

```
    //查询所有的 itemCategory 表记录
    public List < ItemCategory > findAll( );
```

(4)编辑 ItemCategoryService 接口的实现类。在 ItemCategoryServiceImpl 实现类中实现上述方法,编码如下:

```
@ Override
public List < ItemCategory > findAll( ) {
        //调用"持久层",查询所有数据
        return itemCategoryDao.findAll( );
}
```

5. 编写 DAO 接口及实现类

(1)编辑 ItemDao 接口。在接口中添加如下方法。

```
    //获取指定条件的数据集合
    public List < Item > findItemList( QueryForm queryForm, int currentPage, int pageSize );
    //获取指定条件的总记录数
    public Integer findItemListCount( QueryForm queryForm );
```

(2)编辑 ItemDao 接口的实现类。在实现类 ItemDaoImpl.java 中实现添加的方法,代码如下:

```java
//按条件分页查询
@Override
public List<Item> findItemList(QueryForm queryForm, int currentPage, int pageSize){
    List<Item> itemList = null;
    //1. 获取连接池,得到一个QueryRunner对象
    QueryRunner queryRunner = new QueryRunner(
            DataSourceUtils.getDataSource());
    //2. 拼接SQL语句
    String strSQL = "SELECT id,name,price,pnum,description"
            +",imgurl,createtime,b.cid,b.cateName "
            +" FROM item a INNER JOIN itemcategory b"
            +" ON a.cid = b.cid where 1 = 1 ";
    if(queryForm != null && queryForm.getId() != null
            && queryForm.getId() != 0){
        strSQL += " and a.id =" + queryForm.getId() + " ";
    }
    if(queryForm != null && queryForm.getName() != null
            && queryForm.getName() != ""){
        strSQL +=" and a.name like '%"
                + queryForm.getName() +"%'";
    }
    if(queryForm != null && queryForm.getCid() != null
            && queryForm.getCid() != 999999){
        strSQL +=" and a.cid =" + queryForm.getCid() +" ";
    }
    if(queryForm.getMinPrice() != null
            && queryForm.getMinPrice().trim().length() > 0
            && queryForm.getMaxPrice() != null
            && queryForm.getMaxPrice().trim().length() > 0){
        strSQL +=" and a.price between '" + queryForm.getMinPrice()
                + "' and '" + queryForm.getMaxPrice() +"' ";
```

```java
}
strSQL + =" limit "+ ( currentPage - 1 ) * pageSize
        +" ," + pageSize +" ";
System. out. println( strSQL) ;
//3. 执行
try {
    itemList = queryRunner. query( strSQL,
            new ResultSetHandler < List < Item > >( ) {
                @Override
                public List < Item > handle( ResultSet rs)
                        throws SQLException {
                    List < Item > list = new ArrayList < Item >( ) ;
                    while ( rs. next( ) ) {
                        Item item = new Item( ) ;
                        item. setCid( rs. getInt("cid") ) ;
                        item. setCreatetime( rs. getDate("createtime") ) ;
                        item. setDescription( rs. getString("description") ) ;
                        item. setId( rs. getInt("id") ) ;
                        item. setImgurl( rs. getString("imgurl") ) ;
                        ItemCategory itemCategory = new ItemCategory( ) ;
                        itemCategory. setCid( rs. getInt("cid") ) ;
                        itemCategory. setCateName( rs
                                . getString("cateName") ) ;
                        item. setItemCategory( itemCategory) ;
                        item. setName( rs. getString("name") ) ;
                        item. setPnum( rs. getInt("pnum") ) ;
                        item. setPrice( rs. getDouble("price") ) ;
                        list. add( item) ;
                    }
                    return list;
                }
            });
```

```java
    } catch (SQLException e) {
        //TODO Auto-generated catch block
        e.printStackTrace();
    }
    return itemList;
}
@Override
public Integer findItemListCount(QueryForm queryForm) {
    //1. 获取连接池,得到一个 QueryRunner 对象
    QueryRunner queryRunner = new QueryRunner(
            DataSourceUtils.getDataSource());
    //2. 拼接 SQL 语句
    String strSQL = "SELECT count(*) FROM item a "
            + "INNER JOIN itemcategory b ON a.cid = b.'cid'";
    if (queryForm != null && queryForm.getId() != null
            && queryForm.getId() != 0) {
        strSQL += " and  a.id =" + queryForm.getId() + " ";
    }
    if (queryForm != null && queryForm.getName() != null
            && queryForm.getName() != "") {
        strSQL += " and  a.name like '%"
                + queryForm.getName() + "%'";
    }
    if (queryForm != null && queryForm.getCid() != null
            && queryForm.getCid() != 999999) {
        strSQL += " and  a.cid =" + queryForm.getCid() + " ";
    }
    if (queryForm.getMinPrice() != null
            && queryForm.getMinPrice().trim().length() > 0
            && queryForm.getMaxPrice() != null
            && queryForm.getMaxPrice().trim().length() > 0) {
        strSQL += " and  a.price between '" + queryForm.getMinPrice()
```

```
                    + "' and '" + queryForm.getMaxPrice() + "' ";
        }
        System.out.println(strSQL);
        //3. 执行 SQL 语句 ScalarHandler
        try {
            Long count = queryRunner.query(strSQL, new ScalarHandler<Long>());
            return count.intValue();
        } catch (SQLException e) {
            e.printStackTrace();
        }
        return 0;
}
```

(3) 编辑 ItemCategoryDao 接口。在该接口中添加方法,代码如下:

```
//查询 itemCategory 表的所有记录
public List<ItemCategory> findAll();
```

(4) 编辑 ItemCategoryDaoImpl 实现类。在该接口实现添加的方法,代码如下:

```
//用于接收业务层请求,查询 itemCategory 表的所有记录
public List<ItemCategory> findAll(){
    List<ItemCategory> list = null;
    //1. 获取连接池,得到一个 QueryRunner 对象
    QueryRunner runner
        = new QueryRunner(DataSourceUtils.getDataSource());
    //2. 封装 SQL 语句
    String strSQL = "select * from ItemCategory ";
    try {
        //3. 执行 BeanListHandler
        list = runner.query(strSQL, new BeanListHandler<ItemCategory>(
                ItemCategory.class));
```

```
        } catch (SQLException e){
            e.printStackTrace();
        }
        return list;
    }
```

6. 测试条件查询和分页功能

发布项目并启动 Tomcat 服务器,进入到产品管理页面,点击“查询”按钮即可查询出所有的产品信息,并且这些信息都已分页显示,如图 3-20 所示。

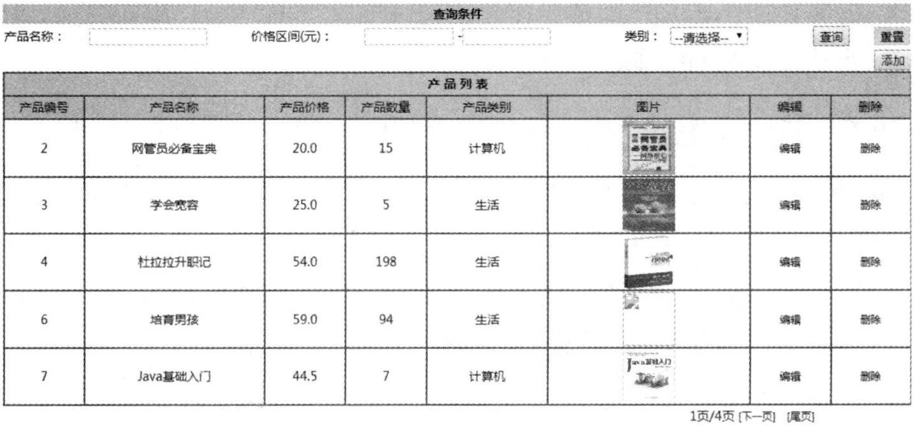

查询条件

产品名称：　价格区间(元)：　-　类别：--请选择--　查询　重置　添加

产品编号	产品名称	产品价格	产品数量	产品类别	图片	编辑	删除
2	网管员必备宝典	20.0	15	计算机		编辑	删除
3	学会宽容	25.0	5	生活		编辑	删除
4	杜拉拉升职记	54.0	198	生活		编辑	删除
6	培育男孩	59.0	94	生活		编辑	删除
7	Java基础入门	44.5	7	计算机		编辑	删除

1页/4页 [下一页] [尾页]

图 3-20　产品信息列表显示

选择产品类别为“计算机”,价格区间为 20～60,再次单击“查询”按钮,查询结果如图 3-21 所示。

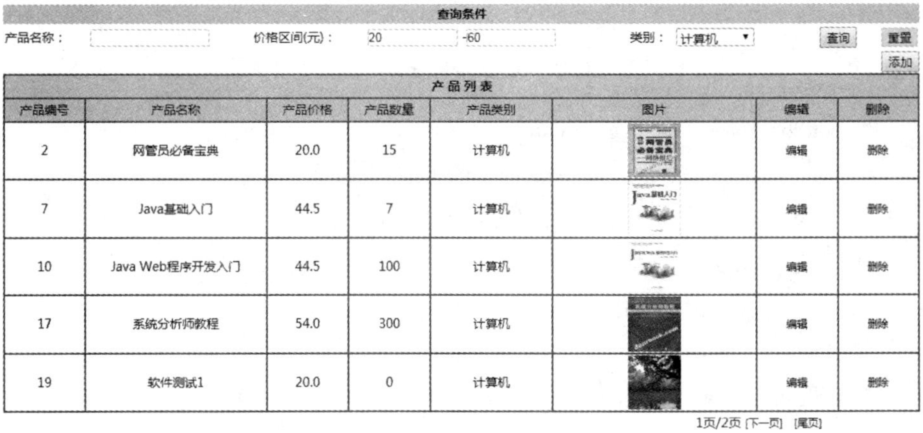

查询条件

产品名称：　价格区间(元)：20　-60　类别：计算机　查询　重置　添加

产品编号	产品名称	产品价格	产品数量	产品类别	图片	编辑	删除
2	网管员必备宝典	20.0	15	计算机		编辑	删除
7	Java基础入门	44.5	7	计算机		编辑	删除
10	Java Web程序开发入门	44.5	100	计算机		编辑	删除
17	系统分析师教程	54.0	300	计算机		编辑	删除
19	软件测试1	20.0	0	计算机		编辑	删除

1页/2页 [下一页] [尾页]

图 3-21　条件查询后的产品信息列表显示

当单击列表下方的"下一页"链接时,会显示第 2 页的数据,如图 3-22 所示。

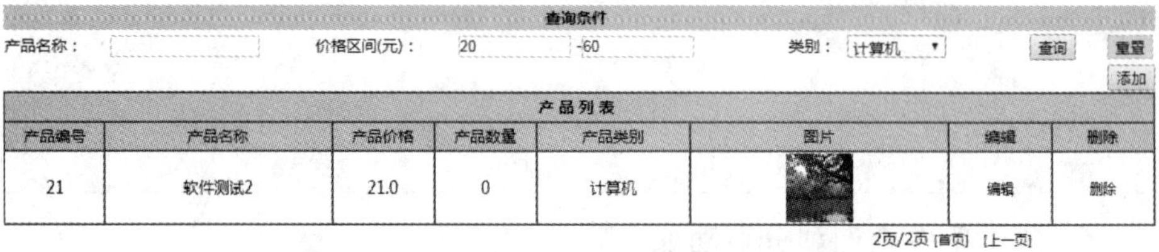

图 3-22　分页查询后的产品信息列表显示

3.9.2　添加产品

在本项目中,添加产品的操作是通过页面实现的,单击"添加"按钮,将跳转到产品添加页面,如图 3-23 所示。

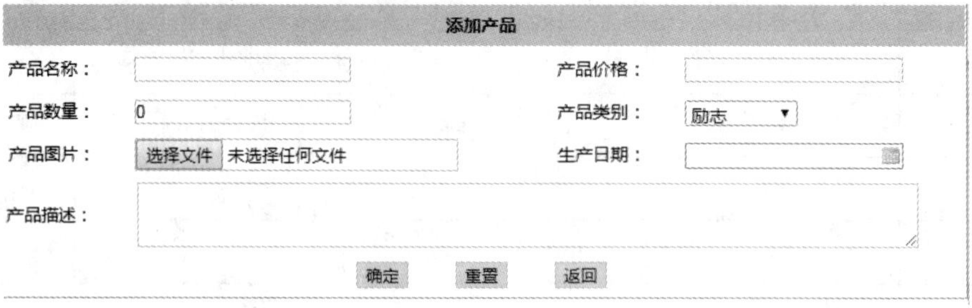

图 3-23　产品添加页面

1. 文件上传工具类——FileUploadUtils

在 utils 包中,创建 FileUploadUtils.java,代码见文件 3-33。

文件 3-33　FileUploadUtils.java

```java
package utils;
import java.util.UUID;
    public class FileUploadUtils{
public static String subFileName(String fileName){
    int index = fileName.lastIndexOf("\\");
    if(index == -1){
        return fileName;
    }
    return fileName.substring(index+1);
```

```java
}
public static String generateRandonFileName(String fileName){
    int index = fileName.lastIndexOf(".");
    if(index != -1){
        String ext = fileName.substring(index);
        return UUID.randomUUID().toString() + ext;
    }
    return UUID.randomUUID().toString();
}
public static String generateRandomDir(String uuidFileName){
    int hashCode = uuidFileName.hashCode();
    int d1 = hashCode & 0xf;
    int d2 = (hashCode >> 4) & 0xf;
    return "/" + d1 + "/" + d2;
}
}
```

2. 编写添加页面

在 Webcontent/admin/item 子文件夹下创建 add.jsp 文件,该页面代码如文件 3-34 所示。

文件 3-34　add.jsp

```
<%@ page language="java" contentType="text/html;charset=UTF-8"
    pageEncoding="UTF-8"%>
<%@ taglib prefix="c" uri="http://java.sun.com/jsp/jstl/core"%>
<HTML>
<HEAD>
<meta http-equiv="Content-Language" content="zh-cn">
<meta http-equiv="Content-Type" content="text/html;charset=UTF-8">
<link type="text/css" rel="stylesheet"
    href="${pageContext.request.contextPath}/css/Style.css">
<!--WdatePicker 时间插件 -->
```

```html
<script src = "${pageContext.request.contextPath}/other/My97DatePicker/WdatePicker.js"></script>
</HEAD>
<body>
    <form name = "Form1"
        action = "${pageContext.request.contextPath}/AddItemServlet"
        method = "post" enctype = "multipart/form-data">
        <table cellSpacing = "1" cellPadding = "5" width = "100%" align = "center"
        style = "border:1px solid #8ba7e3"   border = "0">
            <tr  bgcolor = "#afd1f3">
                <td colSpan = "4" height = "26" align = "center">
                    <STRONG>添加产品</STRONG></td>
            </tr>
            <tr>
                <td>产品名称:</td>
                <td class = "td_right">
                    <input type = "text" name = "name"  /> 
                </td>
                <td>产品价格:</td>
                <td class = "td_right">
                    <input type = "text" name = "price" /></td>
            </tr>
            <tr>
                <td>产品数量:</td>
                <td class = "td_right">
                    <input type = "text" name = "pnum"
                        value = "0" readonly = "readonly"  /></td>
                <td>产品类别:</td>
                <td class = "td_right">
                    <select name = "cid" id = "cid">
                        <c:forEach items = "${itemCategories}" var = "d">
                            <option value = "${d.cid}">
```

```
                    ${d.cateName}
                </option>
            </c:forEach>
        </select></td>
    </tr>
    <tr>
        <td>产品图片:</td>
        <td class="td_right">
            <input type="file" size="30"
                value="" name="upload"/></td>
        <td>生产日期:</td>
        <td class="td_right">
            <!--使用WdatePicker时间插件-->
            <input type="text" name="createtime"
                class="Wdate" onClick="WdatePicker()"/>
        </td>
    </tr>
    <tr>
        <td class="td_right">产品描述:</td>
        <td colspan=3>
            <textarea name="description" rows="3"
                cols="30" style="WIDTH: 95%"></textarea>
        </td>
    </tr>
    <tr>
        <td  align="center" colSpan="4"
            style="WIDTH: 100%">
            <input type="submit"  value="确定">  
            <input type="reset" value="重置"    >  
            <INPUT type="button" onclick="history.go(-1)"
                value="返回"/>
        </td>
```

```
        </tr>
    </table>
</form>
</body>
</HTML>
```

3. 创建 Servlet

在 controller 包下创建 AddItemServlet 类,该类用来完成图片上传及添加产品功能,核心代码如文件 3-35 所示。

文件 3-35　AddItemServlet.java

```
protected void doPost(HttpServletRequest request, HttpServletResponse response)
throws ServletException, IOException {
    //创建 javaBean,将上传数据封装
    Item item = new Item();
    Map<String, Object> map = new HashMap<String, Object>();
    DiskFileItemFactory dif = new DiskFileItemFactory();
    //设置临时文件存储位置
    dif.setRepository(new File(this.getServletContext().getRealPath(
            "/temp")));
    //设置上传文件缓存大小为 10 M
    dif.setSizeThreshold(1024 * 1024 * 10);
    //创建上传组件
    ServletFileUpload upload = new ServletFileUpload(dif);
    //处理上传文件中文乱码
    upload.setHeaderEncoding("utf-8");
    try {
        //解析 request 得到所有的 FileItem
        List<FileItem> fileItems = upload.parseRequest(request);
        //遍历所有 FileItem
        for (FileItem fileItem : fileItems) {
            //判断当前是否上传组件
            if (fileItem.isFormField()) {
```

```java
            //不上传组件
            //获取组件名称
            String fieldName = fileItem.getFieldName();
            //解决乱码问题
            String value = fileItem.getString("utf-8");
            map.put(fieldName, value);
        } else {
            //上传组件
            //得到上传文件真实名称
            String fileName = fileItem.getName();
            fileName = FileUploadUtils.subFileName(fileName);
            //得到随机名称
            String randomName = FileUploadUtils
                    .generateRandonFileName(fileName);
            //得到随机目录
            String randomDir = FileUploadUtils
                    .generateRandomDir(randomName);
            //图片存储父目录
            String imgurl_parent = "/upload" + randomDir;
            File parentDir = new File(this.getServletContext()
                    .getRealPath(imgurl_parent));
            //验证目录是否存在,如果不存在,则创建
            if (!parentDir.exists()) {
                parentDir.mkdirs();
            }
            String imgurl = imgurl_parent + "/" + randomName;
            map.put("imgurl", imgurl);
            IOUtils.copy(fileItem.getInputStream(),
                    new FileOutputStream(
                        new File(parentDir, randomName)));
            fileItem.delete();
        }
```

```
        }
    } catch (FileUploadException e) {
        e.printStackTrace();
    }
    try {


        SimpleDateFormat sdf = new SimpleDateFormat("yyyy-mm-dd");
        Date createtime;
        try {
            createtime = sdf.parse(map.get("createtime").toString());
            map.put("createtime", createtime);
        } catch (ParseException e) {
            e.printStackTrace();
        }
        //将数据封装到javaBean中
        BeanUtils.populate(item, map);
    } catch (IllegalAccessException e) {
        e.printStackTrace();
    } catch (InvocationTargetException e) {
        e.printStackTrace();
    }
    ItemService service = new ItemServiceImpl();
    try {
        service.addItem(item);//调用Service完成添加产品操作
        response.sendRedirect(request.getContextPath()
                + "/ListItemServlet");
        return;
    } catch (Exception e) {
        e.printStackTrace();
        response.getWriter().write("添加产品失败");
        return;
    }

}
```

上述代码使用 Common-FileUpload 组件实现文件的上传[①]。

4. 编写 Service 接口及实现类

（1）编辑 ItemService 接口。在 ItemService 接口创建一个 addItem( )的方法,代码如下：

```
//添加
public int addItem(Item item);
```

（2）编辑 ItemServiceImpl 实现类。在 ItemServiceImpl.java 中实现添加的方法,代码如下：

```
//添加
@Override
    public int addItem(Item item){
    return this.itemDao.addItem(item);
};
```

5. 编写 DAO 接口及实现类

（1）编辑 ItemDao 接口。在 ItemDao 接口创建一个 addItem( )的方法,代码如下：

```
//添加
public int addItem(Item item);
```

（2）编辑 ItemDaoImpl 实现类。实现接口中新添加的方法,代码如下：

```
//添加
@Override
public int addItem(Item item){
    int row = 0;
    QueryRunner runner
        = new QueryRunner(DataSourceUtils.getDataSource());
```

---

① 黑马程序员.Java Web 程序设计任务教程[M].北京:人民邮电出版社,2017:388 - 389.

```
//日期转字符串格式
SimpleDateFormat formatter;
formatter = new SimpleDateFormat("yyyy-MM-dd");
String createtimeStr = formatter.format(item.getCreatetime());
//封装SQL语句
String strSQL = "insert into item (name,price,description,"
        +"imgurl,createtime,cid)  values('"
        + item.getName()
        + "','"
        + item.getPrice()
        + ","
        + item.getDescription()
        + "','"
        + item.getImgurl()
        + "','"
        + createtimeStr
        + "','"
        + item.getCid() +")";
System.out.println(strSQL);
//执行,获取受影响的记录行数
try{
    row = runner.update(strSQL);
} catch (SQLException e) {
    e.printStackTrace();
}
return row;
};
```

6. 测试添加产品功能

至此,完成添加产品的代码编写。发布项目并启动 Tomcat 服务器,进入产品管理页面,单击"添加"按钮,填写产品信息,如图 3-24 所示。

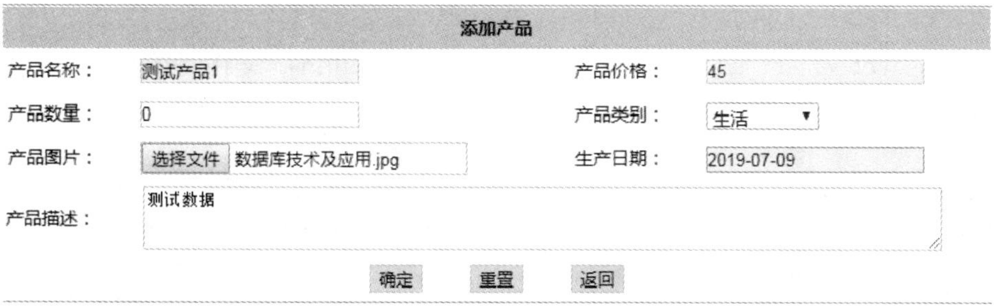

图 3-24 添加产品信息

单击图 3-24 中的"确定"按钮,如果程序正确执行,则刷新产品管理页面的产品信息,点选"尾页",可以查看添加成功的产品,如图 3-25 所示。

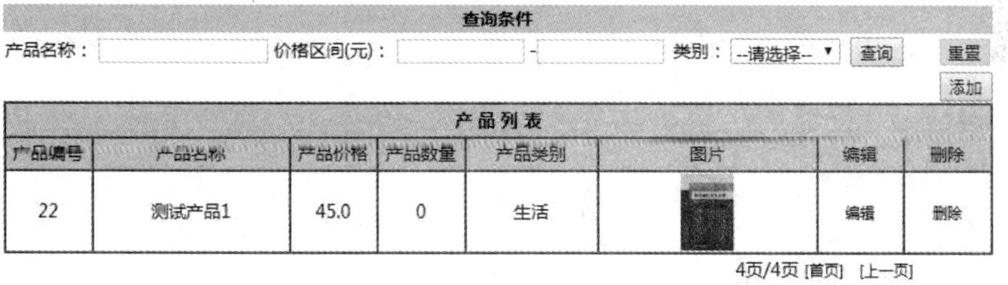

图 3-25 查看产品

从图 3-25 可以看出,新创建的产品可正确查询出来,故产品的添加功能已成功实现。

3.9.3 修改产品

点击产品信息列表某行的"编辑"链接,会弹出编辑页面,供用户修改产品信息,如图 3-26 所示。

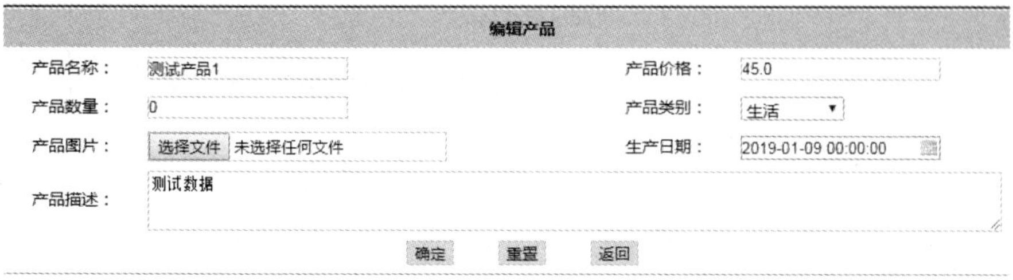

图 3-26 编辑产品页面

1. 编写编辑页面

在 Webcontent/admin/item 子文件夹下创建 edit.jsp 文件,该页面关键代码如文件 3-36 所示。

文件 3-36　edit.jsp

```jsp
<%@ page language="java" contentType="text/html;charset=UTF-8"
    pageEncoding="UTF-8"%>
<%@ taglib prefix="c" uri="http://java.sun.com/jsp/jstl/core" %>
<%@ taglib uri="http://java.sun.com/jsp/jstl/fmt" prefix="fmt"%>
<HTML>
<HEAD>
    <meta http-equiv="Content-Language" content="zh-cn">
    <meta http-equiv="Content-Type" content="text/html;charset=UTF-8">
    <link type="text/css" rel="stylesheet"
 href="${pageContext.request.contextPath}/css/Style.css">
    <!--引入 WdatePicker 时间插件 -->
    <script src="${pageContext.request.contextPath}/other/My97DatePicker/WdatePicker.js"></script>
    <script type="text/javascript">
        //设置类别的默认值
        function setItemCategory(t){
            var category = document.getElementById("cid");
            var ops = category.options;
            for(var i=0;i<ops.length;i++){
                if(ops[i].value==t){
                    ops[i].selected = true;
                    return;
                }
            }
        };
    </script>
</HEAD>
<body onload="setItemCategory('${item.itemCategory.cid}')">
```

```html
<form name="Form1" method="post" enctype="multipart/form-data"
    action="${pageContext.request.contextPath}/UpdateItemServlet">
    <input type="hidden" name="id" value="${item.id}"/>
    <table cellSpacing="1" cellPadding="5" width="100%" align="center"
        style="border:1px solid #8ba7e3" border="0">
        <tr bgcolor="#afd1f3">
            <td align="center" colSpan="4" height="26">
                <strong>编辑产品</strong>
            </td>
        </tr>
        <tr>
            <td align="center">产品名称：</td>
            <td class="td_right">
                <input type="text" name="name"
                    value="${item.name}"/>
            </td>
            <td align="center">产品价格：</td>
            <td class="td_right">
                <input type="text" name="price"
                    value="${item.price}"/>
            </td>
        </tr>
        <tr>
            <td align="center">产品数量：</td>
            <td class="td_right">
                <input type="text" name="pnum" class="bg"
                    value="${item.pnum}"/>
            </td>
            <td align="center">产品类别：</td>
            <td class="td_right">
                <select name="cid" id="cid">
                    <c:forEach items="${itemCategories}" var="d">
                        <option value="${d.cid}">
```

```
                         ${d.cateName}
                    </option>
               </c:forEach>
          </select>
     </td>
</tr>
<tr>
     <td align="center">产品图片:</td>
     <td class="td_right" >
     <input type="file" name="upload" size="30" value=""/>
     </td>
     <td align="center" >生产日期:</td>
     <!--使用 WdatePicker 时间插件-->
     <td class="td_right"> <input type="text" name="createtime"
          value="<fmt:formatDate value="${item.createtime}"
pattern="yyyy-MM-dd HH:mm:ss"/>"   class="Wdate" onClick="WdatePicker
()"/> </td>
</tr>
<tr>
     <td align="center"  >产品描述:</td>
     <td colSpan="3" class="td_right">
          <textarea name="description" cols="30" rows="3"
               style="WIDTH:96%">${item.description}
          </textarea>
     </td>
</tr>
<tr>
     <td align="center" colSpan="4" style="WIDTH:100%">
          <input type="submit" value="确定">    
          <input type="reset"  value="重置" />    
          <input type="button" onclick="history.go(-1)"
               value="返回"/> </td>
```

```
        </tr>
      </table>
    </form>
</body>
</HTML>
```

2. 创建 Servlet

（1）在 controller 包下创建 FindItemByIdServlet 类，该类用来完成查找数据的回显，代码如文件 3-37 所示。

文件 3-37　FindItemByIdServlet.java

```
@WebServlet("/FindItemByIdServlet")
public class FindItemByIdServlet extends HttpServlet {
    private static final long serialVersionUID = 1L;
    public FindItemByIdServlet() {
        super();
    }
    protected void doGet(HttpServletRequest request, HttpServletResponse response)
            throws ServletException, IOException {
        //文本乱码
        request.setCharacterEncoding("UTF-8");
        //解决页面输出中文乱码问题
        response.setContentType("text/html;charset=UTF-8");
        String id = request.getParameter("id");
        ItemService itemService = new ItemServiceImpl();
        ItemCategoryService service = new ItemCategoryServiceImpl();
        try {
            //调用 Service 完成查找产品操作
            Item item = itemService.findItemById(Integer.parseInt(id));
            request.setAttribute("item", item);
            //调用 Service 完成得到产品类别操作
            List<ItemCategory> itemCategories = service.findAll();
            request.setAttribute("itemCategories", itemCategories);
            request.getRequestDispatcher("/admin/item/edit.jsp").forward(
```

```
                    request, response);
            return;
        } catch (Exception e) {
            e.printStackTrace();
            response.getWriter().write("查找产品失败");
            return;
        }
    }

    protected void doPost (HttpServletRequest request, HttpServletResponse
response) throws ServletException, IOException {
        this.doGet(request, response);
    }
}
```

(2)在 controller 包下创建 UpdateItemServlet 类，即产品数据修改的控制类，代码如文件 3-38 所示。

文件 3-38　UpdateItemServlet.java

```
@WebServlet("/UpdateItemServlet")
public class UpdateItemServlet extends HttpServlet {
    private static final long serialVersionUID = 1L;
    public UpdateItemServlet() {
        super();
    }
    protected void doGet(HttpServletRequest request, HttpServletResponse response)
throws ServletException, IOException {
        this.doPost(request, response);
    }
    protected void doPost (HttpServletRequest request, HttpServletResponse
response) throws ServletException, IOException {
        //创建 javaBean,将上传数据封装
        Item item = new Item();
        Map<String, Object> map = new HashMap<String, Object>();
        DiskFileItemFactory dfif = new DiskFileItemFactory();
```

```java
//设置临时文件存储位置
dfif.setRepository(new File(this.getServletContext().getRealPath(
        "/temp")));
//设置上传文件缓存大小为10 M
dfif.setSizeThreshold(1024 * 1024 * 10);
//创建上传组件
ServletFileUpload upload = new ServletFileUpload(dfif);
//处理上传文件中文乱码
upload.setHeaderEncoding("utf-8");
try {
    //解析request得到所有的FileItem
    List<FileItem> fileItems = upload.parseRequest(request);
    //遍历所有FileItem
    for (FileItem fileItem : fileItems) {
        //判断当前是否上传组件
        if (fileItem.isFormField()) {
            //不上传组件
            //获取组件名称
            String fieldName = fileItem.getFieldName();
            //解决乱码问题
            String value = fileItem.getString("utf-8");
            map.put(fieldName, value);
        } else {
            //上传组件
            //得到上传文件真实名称
            String fileName = fileItem.getName();
            if (fileName != null && fileName.trim().length() > 0) {
                fileName = FileUploadUtils
                        .subFileName(fileName);
                //得到随机名称
                String randomName = FileUploadUtils
                        .generateRandonFileName(fileName);
                //得到随机目录
```

```java
                    String randomDir = FileUploadUtils
                            .generateRandomDir(randomName);
                    //图片存储父目录
                    String imgurl_parent = "/ItemImg" + randomDir;
                    File parentDir = new File(this.getServletContext()
                            .getRealPath(imgurl_parent));
                    //验证目录是否存在,如果不存在,则创建
                    if(!parentDir.exists()){
                        parentDir.mkdirs();
                    }
                    String imgurl = imgurl_parent
                            + "/" + randomName;
                    map.put("imgurl", imgurl);
                    IOUtils.copy(fileItem.getInputStream(),
                            new FileOutputStream(new File(parentDir,
                                    randomName)));
                    fileItem.delete();
                }
            }
        }
    } catch (FileUploadException e){
        e.printStackTrace();
    }
    try {
        SimpleDateFormat sdf = new SimpleDateFormat("yyyy-mm-dd");
        Date createtime;
        try {
            createtime = sdf.parse(map.get("createtime").toString());
            map.put("createtime", createtime);
        } catch (ParseException e){
            //TODO Auto-generated catch block
            e.printStackTrace();
        }
```

```
            //将数据封装到 javaBean 中
            BeanUtils.populate(item, map);
        } catch (IllegalAccessException e) {
            e.printStackTrace();
        } catch (InvocationTargetException e) {
            e.printStackTrace();
        }
        ItemService service = new ItemServiceImpl();
        //调用 Service 完成修改产品操作
        service.updateItem(item);
        response.sendRedirect(request.getContextPath() + "/ListItemServlet");
        return;
    }
}
```

3. 编写 Service 接口及实现类

(1) 编辑 Service 接口。在 ItemService 接口中分别添加 findItemById() 和 updateItem() 方法,代码如下:

```
//修改
public int updateItem(Item item);
//根据 id 查询
public Item findItemById(Integer id);
```

(2) 编辑 Service 接口实现类。在 ItemServiceImpl 类中实现 findItemById() 和 updateItem() 方法,代码如下:

```
//修改
@Override
public int updateItem(Item item) {
    return this.itemDao.updateItem(item);
};
//根据 id 查询
@Override
public Item findItemById(Integer id) {
```

```
            return this.itemDao.findItemById(id);
    };
```

4. 编写 DAO 接口及实现类

(1) 编辑 DAO 接口。在 ItemDao 接口中,添加 updateItem() 与 findItemById() 方法,代码如下:

```
//修改产品
public int updateItem(Item item);
//根据 id 查询产品
public Item findItemById(Integer id);
```

(2) 编辑 DAO 接口的实现类。在 ItemDaoImpl 类中,实现 updateItem() 与 findItemById() 方法,代码如下:

```
//修改产品
@Override
public int updateItem(Item item){
    int row = 0;
    QueryRunner runner
        = new QueryRunner(DataSourceUtils.getDataSource());
    SimpleDateFormat formatter;
    formatter = new SimpleDateFormat("yyyy-MM-dd HH:mm:ss");
    String createtimeStr = formatter.format(item.getCreatetime());
    String strSQL = null;
    //封装 SQL 语句
    if(item.getImgurl()!=null){
        strSQL ="update item set name = '" + item.getName()
            +"',price = " + item.getPrice()
            +",description = '" + item.getDescription()
            + "',imgurl = '" + item.getImgurl()
            +"',createtime = '" + createtimeStr
            +"',pnum = " + item.getPnum()
            +",cid = " + item.getCid()
            +" where id = " + item.getId()
```

```java
            + " ";
    } else {
        strSQL = "update item set name = '" + item.getName()
            + "',price = " + item.getPrice()
            + ",description = '" + item.getDescription()
            + "',createtime = '" + createtimeStr
            + "',pnum = " + item.getPnum() + ",cid = "
            + item.getCid()
            + " where id = " + item.getId()
            + "";
    }
    System.out.println(strSQL);
    //执行,获取受影响的记录行数
    try {
        row = runner.update(strSQL);
    } catch (SQLException e) {
        e.printStackTrace();
    }
    return row;
};
//根据 id 查询
@Override
public Item findItemById(Integer id) {
    Item item = null;
    //1. 获取连接池,得到一个 QueryRunner 对象
    QueryRunner queryRunner = new QueryRunner(
            DataSourceUtils.getDataSource());
    //2. 构建 SQL 语句
    String strSQL = "SELECT   a.id,a.name,a.'price',"
            + "a.imgurl,a.'description',a.'createtime',"
            + "a.'pnum',a.'cid',b.'cateName' FROM   item a "
            + " INNER JOIN itemCAtegory b ON   a.cid = b.'cid'"
            + "where id = " + id + "";
```

```java
//3. 执行
try {
    item = queryRunner.query(strSQL,
            new ResultSetHandler<Item>() {
                @Override
                public Item handle(ResultSet rs) throws SQLException {
                    Item item = null;
                    if (rs.next()) {
                        item = new Item();
                        item.setCid(rs.getInt("cid"));
                        item.setCreatetime(rs.getDate("createtime"));
                        item.setDescription(rs.getString("description"));
                        item.setId(rs.getInt("id"));
                        item.setImgurl(rs.getString("imgurl"));
                        ItemCategory itemCategory = new ItemCategory();
                        itemCategory.setCid(rs.getInt("cid"));
                        itemCategory.setCateName(rs.getString("cateName"));
                        item.setItemCategory(itemCategory);
                        item.setName(rs.getString("name"));
                        item.setPnum(rs.getInt("pnum"));
                        item.setPrice(rs.getDouble("price"));
                    }
                    return item;
                }
            });
} catch (SQLException e) {
    //TODO Auto-generated catch block
    e.printStackTrace();
}
return item;
}
```

5. 测试修改产品功能

至此,完成修改产品的实现代码编写。发布项目并启动 Tomcat 服务器,进入产品管理页面,点选"测试产品 1"的"修改"链接,跳转到修改页面,供用户填写修改信息,如图 3-27 所示。

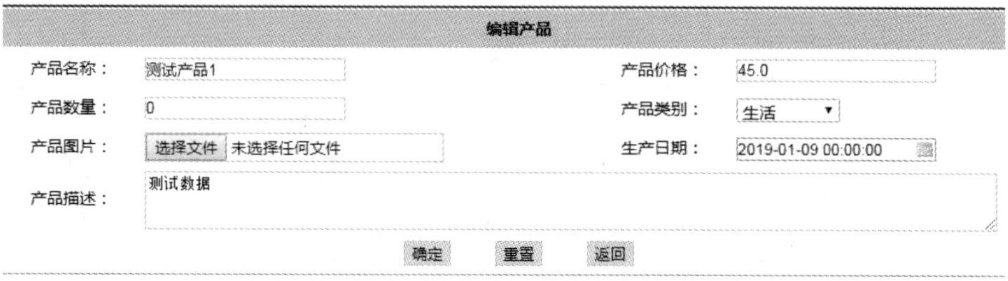

图 3-27　产品修改信息填写

将产品类别修改为"计算机",再次单击"确定",会刷新产品管理页面的产品信息,点选"尾页",能看到修改后的数据信息,如图 3-28 所示。

图 3-28　产品列显信息

从图 3-28 可以看出,产品的修改功能已成功实现。

3.9.4　删除产品

点击产品信息列表某行的"删除"链接,会弹出删除确认框,如图 3-29 所示。

localhost:8080 显示

您确定要删除该产品吗？

确定　　取消

图 3-29　删除确认框

单击"确定"按钮，即可执行删除产品操作。接下来本节将对删除产品功能的实现进行详述。

1. 创建 Servlet

在 controller 包下创建 DeleteItemServlet 类，即删除产品的控制类，代码如文件 3-39 所示。

文件 3-39　DeleteItemServlet.java

```java
@WebServlet("/DeleteItemServlet")
public class DeleteItemServlet extends HttpServlet {
    private static final long serialVersionUID = 1L;
    public DeleteItemServlet() {
        super();
    }
    protected void doGet(HttpServletRequest request, HttpServletResponse response)
    throws ServletException, IOException {
        //文本乱码
        request.setCharacterEncoding("UTF-8");
        //解决页面输出中文乱码问题
        response.setContentType("text/html;charset=UTF-8");
        String id = request.getParameter("id");
        ItemService service = new ItemServiceImpl();
        try {
            //调用 Service 完成添加产品类别操作
            service.deleteItemById(Integer.parseInt(id));
            response.sendRedirect(request.getContextPath()
                + "/ListItemServlet");
```

```
            return;
        } catch (Exception e) {
            e.printStackTrace();
            response.getWriter().write("删除产品失败");
            return;
        }
    }
    protected void doPost (HttpServletRequest request, HttpServletResponse 
response) throws ServletException, IOException {
        this.doGet(request, response);
    }
}
```

2. 编写 Service 接口及实现类

(1) 编辑 Service 接口。在 ItemService 接口中添加 deleteItemById() 方法，代码如下：

```
//删除产品
public int deleteItemById(Integer id);
```

(2) 编辑 Service 接口的实现类。在 ItemServiceImpl 中实现添加的方法，代码如下：

```
//删除产品
@Override
public int deleteItemById(Integer id){
    return this.itemDao.deleteItemById(id);
};
```

3. 编写 DAO 接口及实现类

(1) 编辑 DAO 接口。在 ItemDao 接口中添加一个 deleteItemById() 的方法，代码如下：

```
//删除产品
public int deleteItemById(Integer id);
```

(2)编辑 DAO 接口的实现类。在 ItemDaoImpl 中实现添加的方法,代码如下:

```java
//删除产品
@Override
public int deleteItemById( Integer id) {
    int row = 0;
    QueryRunner runner
        = new QueryRunner( DataSourceUtils. getDataSource( ) );
    //封装 SQL 语句
    String strSQL = "delete from  item  where id = ?";
    //执行,获取受影响的记录行数
    try {
        row = runner. update( strSQL, id) ;
    } catch ( SQLException e) {
        e. printStackTrace( ) ;
    }
    return row;
};
```

4. 测试删除产品功能

下面以删除编号为 23 的产品"测试产品 1"为例,来测试系统的删除功能。选中编号 23 的产品,点击后方的"删除"图标,弹出删除确认框,单击"确定"按钮,编号为 23 的产品"测试产品 1"不在产品信息列表中显示,这说明删除操作执行成功。

3.10 本章小结

本章采用 B/S 模式,用 JSP + Servlet + JavaBean 技术来实现基于 Web 版的产品管理系统开发。首先对 HTTP 及状态码、JSP 开发 Web 的几种方式进行了简单介绍,明确技术选型。接下来,阐述了系统的环境搭建工作。然后,借助用户登录模块初步演示了前台与后台交互,借助产品分类模块阐述如何进行涉及单表的 CURD 实际应用及操作,借助产品管理模块阐述如何进行涉及含关联关系的表的 CURD 实际应用及操作。项目涉及 HTTP 请求与响应,编写 Servlet 和 JSP,使用 Session 保存信息,使用 EL 表达式和 JSTL 获取和输出信息,编写过滤器实现特定的功能,使用 C3P0 开源数据库连接池来提升数据访问效率,使用 DBUtils 工具类库简化 JDBC 的编码来操作数据库,使用 Common-FileUpload 组件实现文件的上传等技术的研究及实践。

第 4 章
Web 版产品管理系统
(Spring + SpringMVC + MyBatis)

目前,轻量级 Java EE(Java 企业版)应用开发通常采用两种方式:一种是以 S2SH(Struts2 + Spring + Hibernate)框架为核心的组合方式,另一种是以 SSM(Spring + SpringMVC + MyBatis)框架为核心的组合方式。使用这两种组合方式的项目都使 Java EE 架构具有高度的可维护性和可扩展性,同时极大地提高了项目的开发效率,降低了开发和维护成本,因此,这两种组合方式均已成为当前各企业项目开发的首选。

本章主要研究集群式项目中第三个项目——Web 版产品管理系统开发,依旧以产品管理系统为背景,采用 B/S 模式,遵循 MVC 设计模式,依托 Spring + SpringMVC + MyBatis 框架(利用其更注重注解式开发,且对象关系映射(ORM)实现方式更加灵活,SQL 优化更简便,容易上手等特点)。

4.1 系统概述

4.1.1 系统功能介绍

本系统后台使用 SSM 框架编写,前台页面使用 JQuery EasyUI 完成,实现用户登录和产品管理两个功能模块。这两个模块的主要功能如图 4-1 所示。

第4章 Web 版产品管理系统(Spring + SpringMVC + MyBatis)

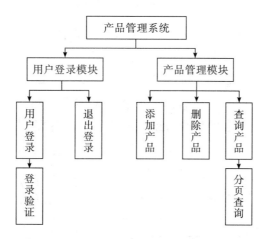

图 4-1 系统功能结构

4.1.2 系统架构设计

本系统根据功能和 SSM 框架的分层架构思想,严格分为 4 个层次结构,即 Web 表现层、业务逻辑层(Service 层)、数据访问层(DAO 层)和持久化层。各个层次相辅相成,共同构成系统的构架,如图 4-2 所示。

持久化层:该层由若干持久化类(实体类)组成。

数据访问层(DAO 层):该层由 DAO 接口和 MyBatis 映射文件组成。接口的名称统一以 Mapper 结尾,且 MyBatis 的映射文件名称与接口的命名相同。

业务逻辑层(Service 层):该层由 Service 接口和实现类组成,用于实现系统的业务逻辑。在本系统中,业务逻辑层的接口统一使用 Service 结尾,其实现类名称统一在接口名后加 Impl。

Web 表现层:该层包括 SpringMVC 中的 Controller 类和 JSP 页面。Controller 类负责拦截用户请求,调用业务逻辑层中相应组件的业务逻辑方法来处理用户请求,并将相应结果返回给 JSP 页面[①]。

---

① 黑马程序员. Java EE 企业级应用开发教程(Spring + SpringMVC + MyBatis)[M]. 北京:人民邮电出版社,2017:264 - 265.

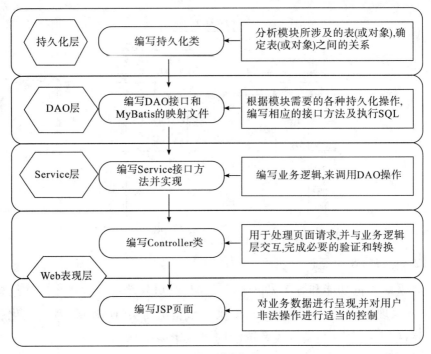

图 4-2　系统架构

4.1.3　文件组织结构

本项目相关的 JAR 包文件、配置文件以及页面文件等在项目中的组织结构，如图 4-3 所示。

```
▲ 🗁 WebContent
  ▷ 🗁 css              ——— css文件
  ▷ 🗁 easyui           ——— easyui涉及的JQuery包
  ▷ 🗁 images           ——— 图片
  ▷ 🗁 META-INF
  ▷ 🗁 upload           ——— 文件上传文件夹
  ▲ 🗁 WEB-INF
    ▲ 🗁 jsp
      📄 frame.jsp      ——— 系统框架页面
      📄 itemList.jsp   ——— 产品列表页面
      📄 login.jsp      ——— 登录页面
      📄 welcome.jsp    ——— 欢迎页面
    ▷ 🗁 lib            ——— 系统JAR包
      📄 web.xml        ——— 项目配置文件
    📄 index.jsp        ——— 系统默认首页
```

图 4-3 项目文件组织结构

4.1.4 系统开发及运行环境

操作系统：Windows。

Web 服务器：tomcat8.0。

开发语言：Java。

Java 开发包：JDK8。

开发工具：Eclipse Java EE IDE for Web Developers。

数据库：MySQL5.5。

浏览器：Google。

4.2 数据库设计

本系统主要提供用户登录和产品管理功能，用到系统用户表、产品类别表和产品信息表，如表 4-1、表 4-2 和表 4-3 所示。

表 4-1 系统用户表(user)

字段名	数据类型	是否为空	是否主键	默认值	描述
id	int(4)	Not Null	PK		id(自动跳号)
username	varchar(50)	Not Null			用户名
password	varchar(50)	Not Null			密码
gender	varchar(2)	Not Null			性别

续表

字段名	数据类型	是否为空	是否主键	默认值	描述
email	varchar(50)	Not Null			邮箱
telephone	varchar(50)	Not Null			电话
role	varchar(5)	Not Null		普通用户	角色("管理员"或"普通用户")

表4-2 产品类别表(itemCategory)

字段名	数据类型	是否为空	是否主键	默认值	描述
cid	int(4)	Not Null	PK		id(自动跳号)
cateName	varchar(20)	Not Null			类别名称

表4-3 产品信息表(item)

字段名	数据类型	是否为空	是否主键	默认值	描述
id	int(4)	Not Null	PK		id(自动跳号)
name	varchar(40)	Not Null			产品名称
price	double	Not Null			定价
cid	int(4)	Not Null			类别
pnum	int(11)	Not Null		0	库存量
imgurl	varchar(100)				图片位置
description	varchar(255)	Not Null			描述
createtime	datatime	Not Null			生成日期

4.3 系统环境搭建

4.3.1 准备所需的JAR包

本系统所需的JAR包如下：

1. Spring框架所需的JAR包

aopalliance-1.0.jar

aspectjweaver-1.8.7.jar

spring-aop-4.3.6.RELEASE.jar

spring-aspects-4.3.6.RELEASE.jar

spring-jdbc-4.3.6.RELEASE.jar

spring-tx-4.3.6.RELEASE.jar

spring-beans-4.3.6.RELEASE.jar

spring-context-4.3.6.RELEASE.jar

spring-core-4.3.6.RELEASE.jar

spring-expression-4.3.6.RELEASE.jar

2. SpringMVC 框架所需的 JAR 包

spring-web-4.3.6.RELEASE.jar

spring-webmvc-4.3.6.RELEASE.jar

3. MyBatis 框架所需的 JAR 包

ant-1.9.6.jar

ant-launcher-1.9.6.jar

asm-5.2.jar

cglib-3.2.5.jar

commons-logging-1.2.jar

javassist-3.22.0-GA.jar

log4j-1.2.17.jar

log4j-api-2.3.jar

log4j-core-2.3.jar

mybatis-3.4.6.jar

ognl-3.1.16.jar

slf4j-api-1.7.25.jar

slf4j-log4j12-1.7.25.jar

4. Spring 与 MyBatis 框架整合的中间 JAR 包

mybatis-spring-1.3.1.jar

5. MySQL5.5 数据库驱动 JAR 包

mysql-connector-java-5.1.39.jar

6. 数据源 druid 所需的 JAR 包

druid-1.0.25.jar

7. JSTL 标签库 JAR 包

jstl-1.2.jar

8. JackSon 框架所需的 JAR 包

jackson-annotations-2.8.8.jar

jackson-core-2.8.8.jar

jackson-databind-2.8.8.jar

json-lib-2.2.1-jdk15.jar

ezmorph-1.0.4.jar

9. Java 工具类 JAR 包

commons-beanutils-1.7.0.jar

commons-lang-2.3.jar

commons-io-2.5.jar

commons-fileupload-1.3.2.jar

读者可到 https://mvnrepository.com/下载上述 JAR 包。

4.3.2 准备项目环境

1. 创建项目，导入 JAR 包

在 Eclipse 中，创建名为 ssmItemDemo 的 Web 项目，将系统准备的全部 JAR 包复制到项目的 lib 目录中。

2. 编写配置文件

(1) 在项目 src 文件夹下分别创建数据库常量配置文件、Spring 配置文件、MyBatis 配置文件、log4j 配置文件、资源配置文件以及 SpringMVC 配置文件。

①mybatis-config.xml：空文件即可，但是需要文件头，详看文件 4-1。

文件 4-1　mybatis-config.xml

```
<?xml version="1.0" encoding="UTF-8"?>
<!DOCTYPE configuration
PUBLIC "-//mybatis.org//DTD Config 3.0//EN"
"http://mybatis.org/dtd/mybatis-3-config.dtd">
<configuration>
</configuration>
```

②jdbc.properties：配置数据库相关信息，详看文件 4-2。

文件4-2　jdbc.properties

```
jdbc.driver=com.mysql.jdbc.Driver
jdbc.url=jdbc:mysql://localhost:3306/db_item?characterEncoding=utf-8
jdbc.username=root
jdbc.password=root
```

③log4j.properties。

文件4-3　log4j.properties

```
# Global logging configuration
log4j.rootLogger=DEBUG,stdout
# Console output...
log4j.appender.stdout=org.apache.log4j.ConsoleAppender
log4j.appender.stdout.layout=org.apache.log4j.PatternLayout
log4j.appender.stdout.layout.ConversionPattern=%5p [%t] - %m%n
```

④applicationContext-dao.xml：配置数据源、SqlSessionFactory 和 mapper 文件扫描器，如文件4-4所示。

文件4-4　applicationContext-dao.xml

```
<?xml version="1.0" encoding="UTF-8"?>
<beans xmlns="http://www.springframework.org/schema/beans"
    xmlns:context="http://www.springframework.org/schema/context"
    xmlns:p="http://www.springframework.org/schema/p"
    xmlns:aop="http://www.springframework.org/schema/aop"
    xmlns:tx="http://www.springframework.org/schema/tx"
    xmlns:jdbc="http://www.springframework.org/schema/jdbc"
    xmlns:xsi="http://www.w3.org/2001/XMLSchema-instance"
    xsi:schemaLocation="http://www.springframework.org/schema/beans
    http://www.springframework.org/schema/beans/spring-beans-4.0.xsd
    http://www.springframework.org/schema/context
    http://www.springframework.org/schema/context/spring-context-4.0.xsd
    http://www.springframework.org/schema/aop
    http://www.springframework.org/schema/aop/spring-aop-4.0.xsd
```

```xml
        http://www.springframework.org/schema/jdbc
        http://www.springframework.org/schema/jdbc/spring-jdbc.xsd
        http://www.springframework.org/schema/tx
        http://www.springframework.org/schema/tx/spring-tx-4.0.xsd
        http://www.springframework.org/schema/util
        http://www.springframework.org/schema/util/spring-util-4.0.xsd">
<!-- 加载外部properties配置文件 -->
    <context:property-placeholder location="classpath:jdbc.properties"/>
<!-- 数据库连接池 -->
    <bean id="dataSource" class="com.alibaba.druid.pool.DruidDataSource">
        <property name="driverClassName" value="${jdbc.driver}"/>
        <property name="url" value="${jdbc.url}"/>
        <property name="username" value="${jdbc.username}"/>
        <property name="password" value="${jdbc.password}"/>
    </bean>
    <!-- 配置sqlSessionFactory -->
    <bean id="sqlSessionFactory"
            class="org.mybatis.spring.SqlSessionFactoryBean">
        <property name="configLocation"
            value="classpath:mybatis-config.xml"></property>
        <property name="dataSource" ref="dataSource"></property>
    </bean>
    <!-- Mapper扫描方式的配置代码 -->
    <bean class="org.mybatis.spring.mapper.MapperScannerConfigurer">
        <property name="basePackage" value="mapper"></property>
    </bean>
    <!-- 文件上传 -->
    <bean id="multipartResolver" class="
        org.springframework.web.multipart.commons.CommonsMultipartResolver">
    <!-- 设置文件上传大小 -->
        <property name="maxUploadSize" value="1000000"/>
    </bean>
</beans>
```

⑤applicationContext-service.xml：配置包扫描器，扫描添加了@service注解的类，如文件4-5所示。

文件4-5　applicationContext-service.xml

```xml
<?xml version="1.0" encoding="UTF-8"?>
<beans xmlns="http://www.springframework.org/schema/beans"
    xmlns:context="http://www.springframework.org/schema/context"
    xmlns:p="http://www.springframework.org/schema/p"
    xmlns:aop="http://www.springframework.org/schema/aop"
    xmlns:tx="http://www.springframework.org/schema/tx"
    xmlns:jdbc="http://www.springframework.org/schema/jdbc"
    xmlns:xsi="http://www.w3.org/2001/XMLSchema-instance"
    xsi:schemaLocation="http://www.springframework.org/schema/beans
    http://www.springframework.org/schema/beans/spring-beans-4.0.xsd
    http://www.springframework.org/schema/context
    http://www.springframework.org/schema/context/spring-context-4.0.xsd
    http://www.springframework.org/schema/aop
    http://www.springframework.org/schema/aop/spring-aop-4.0.xsd
    http://www.springframework.org/schema/jdbc
    http://www.springframework.org/schema/jdbc/spring-jdbc.xsd
    http://www.springframework.org/schema/tx
    http://www.springframework.org/schema/tx/spring-tx-4.0.xsd
    http://www.springframework.org/schema/util
    http://www.springframework.org/schema/util/spring-util-4.0.xsd">
    <context:annotation-config></context:annotation-config>
    <!-- 指定service扫描包路径 -->
    <context:component-scan base-package="service">
    </context:component-scan>
</beans>
```

⑥applicationContext-trans.xml：用于配置事务，如文件4-6所示。

文件4-6 applicationContext-trans.xml

```xml
<?xml version="1.0" encoding="UTF-8"?>
<beans xmlns="http://www.springframework.org/schema/beans"
    xmlns:context="http://www.springframework.org/schema/context"
    xmlns:p="http://www.springframework.org/schema/p"
    xmlns:aop="http://www.springframework.org/schema/aop"
    xmlns:tx="http://www.springframework.org/schema/tx"
    xmlns:jdbc="http://www.springframework.org/schema/jdbc"
    xmlns:xsi="http://www.w3.org/2001/XMLSchema-instance"
    xsi:schemaLocation="http://www.springframework.org/schema/beans
    http://www.springframework.org/schema/beans/spring-beans-4.0.xsd
    http://www.springframework.org/schema/context
    http://www.springframework.org/schema/context/spring-context-4.0.xsd
    http://www.springframework.org/schema/aop
    http://www.springframework.org/schema/aop/spring-aop-4.0.xsd
    http://www.springframework.org/schema/jdbc
    http://www.springframework.org/schema/jdbc/spring-jdbc.xsd
    http://www.springframework.org/schema/tx
    http://www.springframework.org/schema/tx/spring-tx-4.0.xsd
    http://www.springframework.org/schema/util
    http://www.springframework.org/schema/util/spring-util-4.0.xsd">
    <!-- 事务管理器 -->
    <bean id="transactionManager"
        class="org.springframework.jdbc.datasource.DataSourceTransactionManager">
        <!-- 数据源 -->
        <property name="dataSource" ref="dataSource"/>
    </bean>
    <!-- 通知 -->
    <tx:advice id="txAdvice" transaction-manager="transactionManager">
        <tx:attributes>
            <!-- 传播行为 -->
            <tx:method name="save*" propagation="REQUIRED"/>
```

```xml
            <tx:method name="insert*" propagation="REQUIRED"/>
            <tx:method name="delete*" propagation="REQUIRED"/>
            <tx:method name="update*" propagation="REQUIRED"/>
            <tx:method name="find*"
                propagation="SUPPORTS" read-only="true"/>
            <tx:method name="get*"
                propagation="SUPPORTS" read-only="true"/>
            <tx:method name="query*"
                propagation="SUPPORTS" read-only="true"/>
        </tx:attributes>
    </tx:advice>
    <!-- 切面 -->
    <aop:config>
        <aop:advisor advice-ref="txAdvice"
            pointcut="execution(* service.*.*(..))"/>
    </aop:config>
</beans>
```

⑦springmvc-config.xml。

文件4-7　springmvc-config.xml

```xml
<?xml version="1.0" encoding="UTF-8"?>
<beans xmlns="http://www.springframework.org/schema/beans"
    xmlns:xsi="http://www.w3.org/2001/XMLSchema-instance"
    xmlns:p="http://www.springframework.org/schema/p"
    xmlns:context="http://www.springframework.org/schema/context"
    xmlns:mvc="http://www.springframework.org/schema/mvc"
    xsi:schemaLocation="http://www.springframework.org/schema/beans
    http://www.springframework.org/schema/beans/spring-beans-4.0.xsd
    http://www.springframework.org/schema/mvc
    http://www.springframework.org/schema/mvc/spring-mvc-4.0.xsd
    http://www.springframework.org/schema/context
    http://www.springframework.org/schema/context/spring-context-4.0.xsd">
```

```
<context:component-scan base-package="controller">
</context:component-scan>
<!-- 注解驱动 -->
<mvc:annotation-driven/>
<!-- 配置静态资源的访问映射,此配置中的文件,将不被前端控制器拦截 -->
<mvc:resources location="/js/" mapping="/js/**"/>
<mvc:resources location="/css/" mapping="/css/**"/>
<mvc:resources location="/images/" mapping="/images/**"/>
<!-- 配置视图解析器 -->
<bean class="org.springframework.web.servlet.view.InternalResourceViewResolver">
    <!-- 配置逻辑视图的前缀 -->
    <property name="prefix" value="/WEB-INF/jsp/"/>
    <!-- 配置逻辑视图的后缀 -->
    <property name="suffix" value=".jsp"/>
</bean>
</beans>
```

(2) 在 web.xml 中,配置 Spring 的监听器、编码过滤器和 SpringMVC 的前端控制器,如文件 4-8 所示。

文件 4-8　web.xml

```
<?xml version="1.0" encoding="UTF-8"?>
<web-app xmlns:xsi="http://www.w3.org/2001/XMLSchema-instance"
xmlns="http://java.sun.com/xml/ns/javaee"
xsi:schemaLocation="http://java.sun.com/xml/ns/javaee
http://java.sun.com/xml/ns/javaee/web-app_2_5.xsd" id="WebApp_ID" version="2.5">
    <!-- 配置 Spring -->
    <context-param>
        <param-name>contextConfigLocation</param-name>
        <param-value>classpath:applicationContext*.xml</param-value>
    </context-param>
```

```xml
<!-- 使用监听器加载Spring配置文件 -->
<listener>
    <listener-class>
        org.springframework.web.context.ContextLoaderListener
    </listener-class>
</listener>
<!-- 配置SpringMVC的前端控制器 -->
<servlet>
    <servlet-name>ssm</servlet-name>
    <servlet-class>org.springframework.web.servlet.DispatcherServlet
    </servlet-class>
    <init-param>
        <param-name>contextConfigLocation</param-name>
        <param-value>classpath:springmvc-config.xml</param-value>
    </init-param>
    <load-on-startup>1</load-on-startup>
</servlet>
<servlet-mapping>
    <servlet-name>ssm</servlet-name>
    <!-- 配置所有以action结尾的请求进入SpringMVC -->
    <url-pattern>*.action</url-pattern>
</servlet-mapping>
<!-- 配置编码过滤器 -->
<filter>
    <filter-name>encoding</filter-name>
    <filter-class>org.springframework.web.filter.CharacterEncodingFilter
    </filter-class>
    <init-param>
        <param-name>encoding</param-name>
        <param-value>UTF-8</param-value>
    </init-param>
</filter>
```

```
<filter-mapping>
    <filter-name>encoding</filter-name>
    <url-pattern>/*</url-pattern>
</filter-mapping>
</web-app>
```

3. 引入页面资源

将项目运行所需要的 CSS 文件、图片、JQuery EasyUI 的库文件和 JSP 文件按照图 4-3 所示放到项目中。

此时,将项目发布到 Tomcat 服务器并访问项目首页地址 http://localhost:8080/ssmItemDemo/index.jsp 可进入登录页面,如图 4-4 所示。

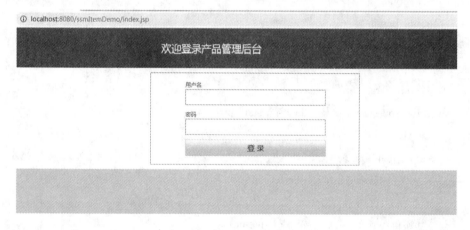

图 4-4 登录页面

从图 4-4 可以看到,访问系统首页时,页面所展示的是系统登录页。在下一节中,我们将对系统的登录功能编写进行详细讲解。

4.4 用户登录模块

4.4.1 用户登录

产品管理系统用户登录的功能流程图如图 4-5 所示[1]。

---

[1] 黑马程序员. Java EE 企业级应用开发教程(Spring + SpringMVC + MyBatis)[M]. 北京:人民邮电出版社,2017:274.

第4章 Web 版产品管理系统(Spring + SpringMVC + MyBatis)

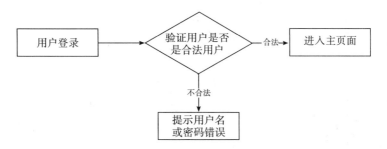

图 4-5 登录流程图

1. 创建持久化类

在 src 目录下,创建一个 domain 包,在包中创建持久化类 User,在 User 类中按照数据表定义相关属性、相应的 get/set 方法、有参与无参构造方法及 toString( )方法,核心代码如文件 4-9 所示。

文件 4-9 User.java

```
package domain;
public class User {
    private int id;
    private String username;
    private String password;
    private String gender;
    private String email;
    private String telephone;
    private String role;
    /* 提供 get/set 及 toString 方法,此处代码省略 */
}
```

2. 实现 DAO 层

(1)创建 DAO 层接口。在 src 目录下,创建 mapper 包,在该包中创建一个用户接口 UserMapper,并在接口中编写用户校验的方法,代码如文件 4-10 所示。

文件 4-10 UserMapper.java

```
package mapper;
import domain.User;
public interface UserMapper {
    public User findUser(User user);
}
```

（2）创建映射文件。在 mapper 包中创建一个 MyBatis 映射文件 UserMapper.xml，并在映射文件中编写查询用户信息的执行语句，代码见文件4-11。

文件4-11　UserMapper.xml

```xml
<?xml version="1.0" encoding="UTF-8"?>
<!DOCTYPE mapper
PUBLIC "-//mybatis.org//DTD Mapper 3.0//EN"
"http://mybatis.org/dtd/mybatis-3-mapper.dtd">
<mapper namespace="mapper.UserMapper">
    <select id="findUser" parameterType="domain.User"
            resultType="domain.User">
        select * from user
            where username=#{username} and password=#{password}
    </select>
</mapper>
```

3. 实现 Service 层

（1）创建用户 Service 接口。在 src 目录下，创建 service 包，在该包中创建 UserService 接口，并在该接口中编写一个用户校验的方法，代码如文件4-12所示。

文件4-12　UserService.java

```java
package service;
import domain.User;
public interface UserService {
    //登录校验
    public User findUser(User user);
}
```

（2）创建用户 Service 接口的实现类。在 service 包下创建 UserService 接口的实现类 UserServiceImpl，代码如文件4-13所示。

文件4-13　UserServiceImpl.java

```java
package service;
import mapper.UserMapper;
import org.springframework.beans.factory.annotation.Autowired;
import org.springframework.stereotype.Service;
```

```
import domain.User;
@Service(value = "userService")
public class UserServiceImpl implements    UserService {
    @Autowired
    private UserMapper userMapper;
    @Override
    public User findUser(User user) {
        return userMapper.findUser(user);
    }
}
```

4. 实现 Controller 层

在 src 目录下,创建一个 controller 包,在该包中创建用户控制器类 UserController,代码如文件 4-14 所示。

文件 4-14 UserController.java

```
package controller;
import java.util.HashMap;
import java.util.Map;
import javax.servlet.http.HttpSession;
import org.springframework.beans.factory.annotation.Autowired;
import org.springframework.stereotype.Controller;
import org.springframework.web.bind.annotation.RequestBody;
import org.springframework.web.bind.annotation.RequestMapping;
import org.springframework.web.bind.annotation.RequestMethod;
import org.springframework.web.bind.annotation.RequestParam;
import org.springframework.web.bind.annotation.ResponseBody;
import service.UserService;
import domain.User;
/*
 *用户控制器类
 */
@Controller
```

```java
public class UserController {
//依赖注入
    @Autowired
    private UserService userService;
    @RequestMapping(value = "login", method = RequestMethod.POST)
    public @ResponseBody Map<String, String> login(
        @RequestBody User user, HttpSession session){
        Map<String, String> map = new HashMap<String, String>();
        //校验用户登录部分
        User userResult = userService.findUser(user);
        if(userResult != null){
            session.setAttribute("USER_SESSION", userResult);
            map.put("RESULT", "S");
            map.put("MSG", "登录成功!");
            return map;
        } else {
            map.put("RESULT", "F");
            map.put("MSG", "用户名或密码不正确!");
            return map;
        }
    }
    @RequestMapping(value = "frame", method = RequestMethod.GET)
    public String toFrame(){
        return "frame";
    }
}
```

5. 实现页面功能

（1）为系统首页 index.jsp 设计一个转发功能,在访问首页时会转到登录页面,其实现代码如文件4-15所示。

文件4-15　index.jsp

```jsp
<%@ page language="java" contentType="text/html;charset=UTF-8"
    pageEncoding="UTF-8"%>
<!DOCTYPE html PUBLIC "-//W3C//DTD HTML 4.01 Transitional//EN"
"http://www.w3.org/TR/html4/loose.dtd">
<html>
<head>
<meta http-equiv="Content-Type" content="text/html;charset=UTF-8">
<title>Insert title here</title>
</head>
<body>
    <jsp:forward page="/WEB-INF/jsp/login.jsp"></jsp:forward>
</body>
</html>
```

（2）登录页面包含一个登录表单，实现代码如文件4-16所示。

文件4-16　login.jsp

```jsp
<%@ page language="java" contentType="text/html;charset=UTF-8"
    pageEncoding="UTF-8"%>
<!DOCTYPE html PUBLIC "-//W3C//DTD HTML 4.01 Transitional//EN"
"http://www.w3.org/TR/html4/loose.dtd">
<html>
<head>
<meta charset="utf-8">
<meta name="renderer" content="webkit|ie-comp|ie-stand">
<meta http-equiv="X-UA-Compatible" content="IE=edge,chrome=1">
<meta name="viewport" content="width=device-width,initial-scale=1,minimum-scale=1.0,maximum-scale=1.0,user-scalable=no"/>
<meta http-equiv="Cache-Control" content="no-siteapp"/>
<link rel="shortcut icon" href="favicon.ico"/>
<link rel="bookmark" href="favicon.ico"/>
<link type="text/css" rel="stylesheet"
```

```
    href = "${pageContext.request.contextPath}/css/reset.css">
<link type = "text/css" rel = "stylesheet"
    href = "${pageContext.request.contextPath}/css/main.css">
<link rel = "stylesheet" type = "text/css"
    href = "${pageContext.request.contextPath}/easyui/themes/default/easyui.css">
<link rel = "stylesheet" type = "text/css"
    href = "${pageContext.request.contextPath}/easyui/themes/icon.css">
<script type = "text/javascript"
    src = "${pageContext.request.contextPath}/easyui/jquery.min.js">
</script>
<script type = "text/javascript"
    src = "${pageContext.request.contextPath}/easyui/jquery.easyui.min.js">
</script>
<script type = "text/javascript">
$(function(){
    //登录
    $("#submitBtn").click(function(){
        var username = $("#username").val();
        var password = $("#password").val();
        $.ajax({
            type:"post",
            url:"${pageContext.request.contextPath}/login.action",
            data:JSON.stringify({
                username:username,
                password:password
            }),
            //定义发送请求的数据格式为JSON字符串
            contentType:"application/json;charset=UTF-8",
            //定义回调响应的数据格式为JSON字符串,这个属性可以省掉
            dataType:"json",
            success:function(data){
```

```html
                    if((("S"==data.RESULT)){
                        //如果返回"S",则跳转到后台frame界面
                        window.location.href=
                            "${pageContext.request.contextPath}/frame.action";
                    }else{
                        $.messager.alert("消息提醒", data.MSG, "warning");
                        $("#msg").text("用户名及密码错误");
                    }
                }
            });
        });
    });
</script>
</head>
<body>
    <div>
        <div class="logoBar login_logo">
            <div class="comWidth">
                <h3 class="welcome_title">欢迎登录产品管理后台</h3>
            </div>
        </div>
    </div>
    <form id="login-form">
        <div class="loginBox">
            <div class="login_cont">
                <ul class="login">
                    <li class="l_tit">用户名</li>
                    <li class="mb_10">
                        <input type="text" name="username" id="username"
                            class="login_input user_icon"> </li>
                    <li class="l_tit">密码</li>
                    <li class="mb_10">
```

```
                    < input type = "password" name = "password"    id = "password"
                    class = "login_input user_icon" > </li>
                <li> < input id = "submitBtn" type = "button" value = " "
                    class = "login_btn" > </li>
                </ul>
            </div>
        </div>
    </form>
    <div>
        <span id = "msg"> </span>
    </div>
    <div class = "hr_25"> </div>
    <div>
        <div class = "footer">
            <div class = "comWidth"> </div>
        </div>
    </div>
</body>
</html>
```

在文件4-16中，$(function(){})函数是JQuery的内置函数,表示网页加载完毕后要执行。用户输入账号及密码,点击"登录"按钮后,会通过Ajax的方式发送POST请求(请求地址以"login.action"结尾),用户输入的信息转为JSON字符串(作为数据)发送给服务器。如果服务器响应的数据RESULT为"S",则表示用户登录成功,立即发送"frame.action"请求,跳转到后台管理主页面;否则弹出"用户名及密码错误"的警示信息。

6. 启动项目,测试登录

将项目发布到tomcat服务器并启动,进入登录页面后,输入账号及密码登录系统。在执行登录之前,先查看下数据库user表中的数据,如图4-6所示。

图 4-6　user 表信息

从图中可以看出,表 user 中有个账号,此时在登录页面输入账号"admin"和密码"admin",单击"登录"按钮,显示如图 4-7 所示页面。

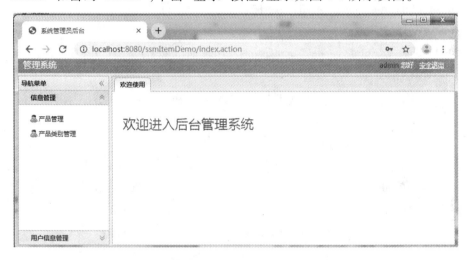

图 4-7　后台管理主页面

图 4-7 表明用户已成功进入后台管理页面,说明登录成功。

4.4.2　登录验证

虽然在 4.4.1 已经实现了用户登录功能,但并不完善。可以重新打开一个谷歌浏览器,访问 http://localhost:8080/ssmItemDemo/frame.action,发现可以直接进入后台管理页面。为了防止未登录的用户通过其他控制器类访问后台管理页面的情况发生,提升系统的安全性,我们可以创建一个登录拦截器来拦截所有的请求。只有已登录并通过账号校验的用户才能够通过登录拦截器,而对于未登录用户的请求,系统会将请求转发到登录页面。

1. 自定义拦截器类

在 src 目录下，创建一个 interceptor 包，在该包中创建一个登录拦截器 LoginInterceptor，代码如文件 4-17 所示。

文件 4-17　LoginInterceptor.java

```java
package interceptor;
import javax.servlet.http.HttpServletRequest;
import javax.servlet.http.HttpServletResponse;
import javax.servlet.http.HttpSession;
import org.springframework.web.servlet.HandlerInterceptor;
import org.springframework.web.servlet.ModelAndView;
import domain.User;
public class LoginIntercepter implements HandlerInterceptor{
    @Override
    public void afterCompletion(HttpServletRequest arg0,
            HttpServletResponse arg1, Object arg2, Exception arg3)
            throws Exception {

    }
    @Override
    public void postHandle(HttpServletRequest arg0, HttpServletResponse arg1,
            Object arg2, ModelAndView arg3) throws Exception {

    }
    @Override
    public boolean preHandle(HttpServletRequest request,
            HttpServletResponse response, Object handler) throws Exception {
        String url = request.getRequestURI();
        if(url.indexOf("/login") >= 0){
            return true;
        }
        if(url.indexOf("/getTopItem") >= 0){
            return true;
        }
```

```
HttpSession    session = request.getSession();
User user = (User)session.getAttribute("USER_SESSION");
//符合
if(user! = null){
    return true;
}
//不符合
request.setAttribute("msg","您没登录,将跳转进入登录页面");
request.getRequestDispatcher("/WEB-INF/jsp/login.jsp")
    .forward(request, response);
return false;
    }
}
```

在文件 4-17 的 preHandle() 方法中,首先获取用户 URL 请求,除了登录请求外,其他的请求都进行拦截控制。接下来获取 Session 对象,如果不为空,则表示用户已经登录,拦截器放行;如果为空,则表示用户未登录,系统会转到登录页面,供访问者登录。

2. 配置拦截器

在 springmvc-config.xml 文件中,配置登录拦截器,配置代码如下。

```
<!-- 配置拦截器 -->
<mvc:interceptors>
<mvc:interceptor>
    <!-- 配置产品请求都进入拦截器 -->
    <mvc:mapping path = "/**"/>
        <!-- 配置具体的拦截器 -->
        <bean class = "interceptor.LoginIntercepter"/>
</mvc:interceptor>
</mvc:interceptors>
```

4.4.3 退出登录

用户登录模块中还包含一个功能——退出登录。成功登录的用户会跳转到后台管理页面,如图 4-7 所示。那如何实现"安全退出"呢？可通过如下代码实现。

文件 4-18　frame.jsp

```jsp
<%@ page language="java" contentType="text/html;charset=UTF-8"
    pageEncoding="UTF-8"%>
<%@ taglib uri="http://java.sun.com/jsp/jstl/core" prefix="c" %>
<!DOCTYPE html PUBLIC "-//W3C//DTD XHTML 1.0 Transitional//EN"
"http://www.w3.org/TR/xhtml1/DTD/xhtml1-transitional.dtd">
<html xmlns="http://www.w3.org/1999/xhtml">
<head>
    <meta http-equiv="Content-Type" content="text/html;charset=utf-8" />
    <title>系统管理员后台</title>
    <link rel="shortcut icon" href="favicon.ico"/>
    <link rel="bookmark" href="favicon.ico"/>
    <link rel="stylesheet" type="text/css" href="
        ${pageContext.request.contextPath}/easyui/css/default.css" />
    <link rel="stylesheet" type="text/css" href="
        ${pageContext.request.contextPath}/easyui/themes/default/easyui.css" />
    <link rel="stylesheet" type="text/css" href="
        ${pageContext.request.contextPath}/easyui/themes/icon.css" />
    <script type="text/javascript" src="
        ${pageContext.request.contextPath}/easyui/jquery.min.js"></script>
    <script type="text/javascript" src="
        ${pageContext.request.contextPath}/easyui/jquery.easyui.min.js">
    </script>
    <script type="text/javascript" src='
        ${pageContext.request.contextPath}/easyui/js/outlook2.js'>
    </script>
    <script type="text/javascript">
    var urlStr1="${pageContext.request.contextPath}/admin/item/list.action";
```

```
        var urlStr2 = "${pageContext.request.contextPath}/admin/itemCategory/"
                    + "list.action";
        var urlStr3 = "${pageContext.request.contextPath}/admin/user/list.action";
        var _menus = {
        "menus":[
            {"menuid":"1","icon":"","menuname":"信息管理",
                "menus":[
                    {"menuid":"11","menuname":"产品管理",
                    "icon":"icon-user-teacher",
                    "url":urlstr1},
                    {"menuid":"12","menuname":"产品类别管理",
                    "icon":"icon-user-teacher",
                    "url":urlstr2},
                ]
            },
            {"menuid":"2","icon":"","menuname":"用户信息管理",
                "menus":[
                    {"menuid":"21","menuname":"用户列表",
                    "icon":"icon-user-teacher",
                    "url":urlstr3},
                ]
            },
        ]};
</script>
</head>
<body class="easyui-layout" style="overflow-y:hidden" scroll="no">
    <noscript>
        <div style="position:absolute;z-index:100000;height:2046px;top:0px;left:0px;width:100%;background:white;text-align:center;">
            <img src="images/noscript.gif" alt='抱歉,请开启脚本支持!'/>
        </div>
    </noscript>
```

```
<div region="north" split="true" border="false" style="overflow:hidden;
    height:30px;background:url(images/layout-browser-hd-bg.gif)
    #7f99be repeat-x center 50%;
    line-height:20px;color:#fff;font-family:Verdana,微软雅黑,黑体">
    <span style="float:right;padding-right:20px;" class="head"><span
style="color:red;font-weight:bold;">${USER_SESSION.username}</span> </span> 您好     <a href="${pageContext.request.contextPath}/logout.action" id="loginOut">安全退出</a></span>
    <span style="padding-left:10px;font-size:16px;">管理系统
    </span>
</div>
<div region="west" hide="true" split="true" title="导航菜单" style="width:180px;" id="west">
    <div id="nav" class="easyui-accordion" fit="true" border="false">
        <!-- 导航内容 -->
    </div>
</div>
<div id="mainPanle" region="center" style="background:#eee;
    overflow-y:hidden">
    <div id="tabs" class="easyui-tabs" fit="true" border="false">
        <jsp:include page="welcome.jsp" />
    </div>
</div>
</body>
</html>
```

frame.jsp 页面引入了 EasyUI 脚本框架,EasyUI 组件可以使用 class 属性渲染实例化 EasyUI 组件,如 Tabs 选项卡、导航组件,还可以使用脚本代码实例化 EasyUI 组件,如本程序的 MENU 组件。

从上述代码中可以看出,显示的登录用户名称是通过 EL 表达式从 Session 中获取的,单击"安全退出"链接时,会提交一个以"/logout.action"结尾的请求。

为了完成退出登录功能,需要在 UserController.java 中编写一个退出登录的方法。该方法需要清除 Session 中的用户信息,并返回到登录页面。实现代码如下:

```java
//退出登录
@RequestMapping(value = "logout")
public String logout(HttpSession session){
    session.invalidate();
    return "redirect:login.action";
}

//向登录页面跳转
@RequestMapping(value = "login", method = RequestMethod.GET)
public String tologin(){
    return "login";
}
```

至此,完成"安全退出"的功能代码编写。重启项目,登录,单击图 4-7 中的"安全退出"按钮,即可退出系统。

4.5 产品管理模块

产品管理模块提供了对产品的查询、添加、修改和删除功能。接下来将对这几个功能的实现进行详细讲解。

4.5.1 查询产品

产品管理模块的查询需要实现的功能如图 4-8 所示。可以看出,产品管理模块的查询提供了按条件分页查询的功能,如果未设置任何查询条件,那么产品信息列表将分页显示所有的数据。

图 4-8　查询功能

1. 编写分页工具类

在 src 目录下,创建一个 utils 包,在该包中创建分页时使用的 Page.java 的实现代码如文件 4-19 所示。

文件 4-19　Page.java

```java
package utils;
import org.springframework.stereotype.Component;
@Component
public class Page {
    private int page = 1;//当前页码
    private int rows = 10;//每页显示数量
    private int offset = 0;//游标起始量
    public int getPage() {
        return page;
    }
    public void setPage(int page) {
        this.page = page;
    }
    public int getRows() {
        return rows;
```

```java
    }
    public void setRows(int rows){
        this.rows = rows;
    }
    public int getOffset(){
        this.offset = (page - 1) * rows;
        return offset;
    }
    public void setOffset(int offset){
        this.offset = offset;
    }
    @Override
    public String toString(){
        return "Page [page = " + page + ", rows = " + rows
                +", offset = " + offset + "]";
    }
}
```

2. 创建持久化类

在 domain 包中,创建持久化类产品类别(ItemCategory)和产品(Item),按照数据表定义相关属性、提供相应的 get/set 方法及 toString( ) 方法,核心代码如文件 4-20 和文件 4-21 所示。

文件 4-20　ItemCategory.java

```java
package domain;
public class ItemCategory    {
    private Integer cid;                    //产品类别 cid
    private String cateName;                //产品类别名称
    /* 提供 get/set 及 toString 方法,此处代码省略 */
}
```

文件 4-21　Item.java

```
package domain;
import java.util.Date;
public class Item {
    private Integer id;                          //产品 id
    private String name;                         //产品名称
    private double price;                        //产品价格
    private Date createtime;                     //产品创建时间
    private Integer  cid;                        //产品类别 cid
    private ItemCategory  itemCategory;          //产品类别
    private String description;                  //产品描述
    private int pnum;                            //数量
    private String imgurl;                       //图片位置
    /* 提供 get/set 及 toString 方法,此处代码省略 */
}
```

3. 实现 DAO 层

(1)创建产品 DAO 层接口和映射文件。在 mapper 包中,创建 ItemMapper 接口,并在接口中编写查询产品列表和产品总数的方法,然后创建一个与接口同名的映射文件,如文件 4-22 和文件 4-23 所示。

文件 4-22　ItemMapper.java

```
package mapper;
import java.util.List;
import java.util.Map;
import domain.Item;
public interface ItemMapper {
    //根据查询条件获取指定页面的记录
    public List<Item> findByConditionAndPage(Map<String, Object> map);
    //统计指定条件的总记录条数
    public Integer getCountByCondition(Map<String, Object> map);
}
```

文件4-23 ItemMapper.xml

```xml
<?xml version="1.0" encoding="UTF-8"?>
<!DOCTYPE mapper
PUBLIC "-//mybatis.org//DTD Mapper 3.0//EN"
"http://mybatis.org/dtd/mybatis-3-mapper.dtd">
<mapper namespace="mapper.ItemMapper">
    <!-- SQL 片段 -->
    <sql id="selectItemWhere">
        <where>
            <if test="id!=null and id!=''">
                and id = #{id}
            </if>
            <if test="name!=null and name!=''">
                and name like '%${name}%'
            </if>
            <if test="minPrice!=null and minPrice!=''
                  and maxPrice!=null and maxPrice!=''">
                and price between #{minPrice} and #{maxPrice}
            </if>
            <if test="cid!=null and cid!=999999">
                and b.cid = #{cid}
            </if>
        </where>
    </sql>
    <!-- 查询产品总数 -->
    <select id="getCountByCondition" parameterType="Map"
                    resultType="Integer">
        SELECT count(*) FROM item a
                    INNER JOIN itemcategory b ON a.cid=b.'cid'
        <include refid="selectItemWhere"></include>
    </select>
    <!-- 查询产品列表 -->
```

```xml
<select id="findByConditionAndPage" parameterType="Map"
    resultType="domain.Item">
    SELECT id,name,price,pnum,description,imgurl,createtime,
        b.cid,b.cateName
    FROM item a INNER JOIN itemcategory b ON a.cid=b.'cid'
    <include refid="selectItemWhere"></include>
    <!-- 执行分页查询 -->
    limit #{startIndex},#{pageSize}
</select>
</mapper>
```

（2）创建产品类别 DAO 层接口和映射文件。在 mapper 包中，创建 ItemCategoryMapper 接口，在接口中编写查询所有产品类别的方法，然后创建一个与接口同名的映射文件，如文件 4-24 和文件 4-25 所示。

文件 4-24　ItemCategoryMapper.java

```java
package mapper;
import java.util.List;
import domain.ItemCategory;
public interface ItemCategoryMapper{
    public List<ItemCategory> findAll();
}
```

文件 4-25　ItemCategoryMapper.xml

```xml
<?xml version="1.0" encoding="UTF-8"?>
<!DOCTYPE mapper
PUBLIC "-//mybatis.org//DTD Mapper 3.0//EN"
"http://mybatis.org/dtd/mybatis-3-mapper.dtd">
<mapper namespace="mapper.ItemCategoryMapper">
    <select id="findAll" resultType="domain.ItemCategory">
        select * from itemCategory
    </select>
</mapper>
```

4. 实现 Service 层

（1）创建产品类别 Service 层接口及实现类。在 service 包中创建 ItemCategoryService 接口及 ItemCategoryServiceImpl 实现类，代码如文件 4-26 和文件 4-27 所示。

文件 4-26　ItemCategoryService.java

```java
package service;
import java.util.List;
import domain.ItemCategory;
public interface ItemCategoryService {
    //查询所有的 itemCategory 表记录
    public List<ItemCategory> findAll();
}
```

文件 4-27　ItemCategoryServiceImpl.java

```java
package service;
import java.util.List;
import mapper.ItemCategoryMapper;
import org.springframework.beans.factory.annotation.Autowired;
import org.springframework.stereotype.Service;
import domain.ItemCategory;
@Service(value="itemCategoryService")
public class ItemCategoryServiceImpl implements ItemCategoryService {
    @Autowired
    private ItemCategoryMapper itemCategoryMapper;
    @Override
    public List<ItemCategory> findAll() {
        return itemCategoryMapper.findAll();
    }
}
```

（2）创建产品 Service 层接口及实现类。在 service 包中创建 ItemService 接口及 ItemServiceImpl 实现类，代码如文件 4-28 和文件 4-29 所示。

文件 4-28   ItemService.java

```java
package service;
import java.util.List;
import java.util.Map;
import domain.Item;
public interface ItemService {
    //根据查询条件获取指定页面的记录
    public List<Item> findByConditionAndPage(Map<String,Object> map);
    //统计指定条件的总记录条数
    public Integer getCountByCondition(Map<String,Object> map);
}
```

文件 4-29   ItemServiceImpl.java

```java
package service;
import java.util.List;
import java.util.Map;
import mapper.ItemMapper;
import org.springframework.beans.factory.annotation.Autowired;
import org.springframework.stereotype.Service;
import domain.Item;
@Service(value="itemService")
public class ItemServiceImpl implements ItemService {
    @Autowired
    private ItemMapper itemMapper;
    @Override
    public List<Item> findByConditionAndPage(Map<String,Object> map){
        return this.itemMapper.findByConditionAndPage(map);
    }
    @Override
    public Integer getCountByCondition(Map<String,Object> map){
        return this.itemMapper.getCountByCondition(map);
```

```
    }
}
```

5. 实现 Controller 层

在 controller 包中,创建产品控制器类 ItemController,核心代码如文件 4-30所示。

文件 4-30　ItemController.java

```
@Controller
public class ItemController {
    @Autowired
    private ItemCategoryService itemCategoryService;
    @Autowired
    private ItemService itemService;
    //获取产品类别数据,指定页面列显
    @RequestMapping(value = "/admin/item/list")
    public String prepareToList(Model model) {
        //1. 获取数据
        //商品类别
        List < ItemCategory > itemCategories = itemCategoryService.findAll();
        //2. 将数据存放到 model
        model.addAttribute("itemCategories", itemCategories);
        model.addAttribute("itemCategoriesJson",
                JSONArray.fromObject(itemCategories));
        //3. 指定页面展示数据
        return "itemList";
    }
    //获取产品数据,返回 JSON 数据
    @RequestMapping(value = "/admin/item/get_list")
    @ResponseBody
    public Map < String, Object > toList(QueryForm QueryForm, Page page,
            Model model) {
```

```java
Map<String, Object> queryMap = new HashMap<String, Object>();
queryMap.put("startIndex", page.getOffset());
queryMap.put("pageSize", page.getRows());
if (QueryForm != null){
    queryMap.put("name", QueryForm.getName());
    queryMap.put("maxPrice", QueryForm.getMaxPrice());
    queryMap.put("minPrice", QueryForm.getMinPrice());
    queryMap.put("cid", QueryForm.getCid());
}
if (page.getRows() != 0 && page.getPage() != 0){
    queryMap.put("startIndex",
            (page.getPage() - 1) * page.getRows());
    queryMap.put("pageSize", page.getRows());
} else {
    //默认显示第1页,起始位置从0开始,每页显示10条记录
    queryMap.put("startIndex", 0);
    queryMap.put("pageSize", 10);
}
Map<String, Object> ret = new HashMap<String, Object>();
ret.put("total", itemService.getCountByCondition(queryMap));
ret.put("rows", itemService.findByConditionAndPage(queryMap));
if (QueryForm != null){
    ret.put("name", QueryForm.getName());
    ret.put("maxPrice", QueryForm.getMaxPrice());
    ret.put("minPrice", QueryForm.getMinPrice());
    ret.put("cid", QueryForm.getCid());
}
return ret;
}
/* 获取近期的十条产品信息,返回JSON格式的数据供第5章使用
@RequestMapping(value = "/client/item/getTopItem")
```

```
    @ResponseBody
    public Map < String, Object > Top10List( ) {
        Map < String, Object > ret = new HashMap < String, Object > ( );
        List < Item > itemList = itemService.findTop10( );
        ret.put("RESULT", "S");
        ret.put("DATA", itemList);
        return ret;
    }
*/
}
```

在产品控制器类中,通过@Autowired 注解方式将 Item CategoryService 和 ItemService 这两种类型的对象依赖注入本类中;若发送"/admin/item/get_list.action"请求,则会执行 toList 方法体里的内容,获取所有产品,通过@ResponseBody 注解方式声明服务器响应的数据都会转换成 JSON 格式的数据。

产品控制器类中的 prepareToList 方法用于回应"/admin/item/list.action"请求,获取所有产品类别,将数据封装到 Model 中,为 itemList.jsp 页面上产品类别下拉列表框做数据准备。

文件 4-30 中有一段针对"/client/item/getTopItem"请求的被注释的代码,该请求对外提供经过 JSON 数据转换的数据。该请求是为"第 5 章 Android 移动版产品 APP"提供查询产品 API 接口,需要时可打开注释,并请自行完善 Service 和 DAO 部分的代码。

6. 实现页面显示

在 itemList.jsp 中,编写条件查询及分页查询的代码,如文件 4-31 所示。

文件 4-31　itemList.jsp

```
<%@ page import = "net.sf.json.JSONObject"% >
<%@ page language = "java" contentType = "text/html;charset = UTF-8"
    pageEncoding = "UTF-8"% >
<%@ taglib uri = "http://java.sun.com/jsp/jstl/core" prefix = "c"% >
<%@ taglib uri = "http://java.sun.com/jsp/jstl/fmt" prefix = "fmt"% >
```

```
<! DOCTYPE html PUBLIC "-//W3C//DTD HTML 4.01 Transitional//EN" "
http://www.w3.org/TR/html4/loose.dtd">
<html>
<head>
<meta http-equiv = "Content-Type" content = "text/html;charset = UTF-8">
<title>查询产品列表</title>
<link rel = "stylesheet" type = "text/css"
    href = "${pageContext.request.contextPath}/easyui/themes/default/easyui.css">
<link rel = "stylesheet" type = "text/css"
    href = "${pageContext.request.contextPath}/easyui/themes/icon.css">
<link rel = "stylesheet" type = "text/css"
    href = "${pageContext.request.contextPath}/easyui/css/demo.css">
<script type = "text/javascript"
    src = "${pageContext.request.contextPath}/easyui/jquery.min.js">
</script>
<script type = "text/javascript"
    src = "${pageContext.request.contextPath}/easyui/jquery.easyui.min.js">
</script>
<script type = "text/javascript"
    src = "${pageContext.request.contextPath}/easyui/js/validateExtends.js">
</script>
<script type = "text/javascript"
    src = "${pageContext.request.contextPath}/easyui/themes/locale/easyui-lang-zh_CN.js"></script>
<script type = "text/javascript">
    function formatterDate(value){
        var date = new Date(value);
        var y = date.getFullYear();
        var m = date.getMonth() + 1;
        m = m < 10 ? ('0' + m) : m;
        var d = date.getDate();
```

第4章 Web版产品管理系统(Spring + SpringMVC + MyBatis)

```javascript
            d = d < 10 ? ('0' + d) : d;
            var h = date.getHours();
            h = h < 10 ? ('0' + h) : h;
            var minute = date.getMinutes();
            var second = date.getSeconds();
            minute = minute < 10 ? ('0' + minute) : minute;
            second = second < 10 ? ('0' + second) : second;
            return y + '-' + m + '-' + d + ' ' + h + ':' + minute
                 + ':' + second;
    };
    var itemCategoriesJson = ${itemCategoriesJson};
    var urlStr1 = "${pageContext.request.contextPath}/admin/item"
                + "/get_list.action";
    $(function(){
        //datagrid 初始化
        $('#dataList').datagrid(
            {
                title : '列表',
                iconCls : 'icon-more',          //图标
                border : true,
                collapsible : false,            //是否可折叠
                fit : true,                     //自动大小
                method : "get",
                url : urlStr1,
                idField : 'id',
                singleSelect : true,            //是否单选
                pagination : true,              //分页控件,关注 total 与 rows
                rownumbers : true,              //行号
                sortName : 'id',
                sortOrder : 'DESC',
                remoteSort : false,
                columns : [ [
```

```
                {
                    field : 'chk',
                    checkbox : true,
                    width : 50
                },
                {
                    field : 'id',
                    title : 'ID',
                    width : 50,
                    sortable : true
                },
                {
                    field : 'name',
                    title : '产品名称',
                    width : 200
                },
                {
                    field : 'cid',
                    title : '产品类别',
                    width : 150,
                    formatter : function(value, row, index){
                        for (var index in itemCategoriesJson){
                            if (itemCategoriesJson[index].cid
                                == value){
                                return itemCategoriesJson[index]
                                    .cateName;
                            }
                        }
                        return value;
                    }
                },
                {
```

```
                    field : 'price',
                    title : '产品价格',
                    width : 150
                },
                {
                    field : 'pnum',
                    title : '库存',
                    width : 150
                },
                {
                    field : 'description',
                    title : '产品简介',
                    width : 300
                },
                {
                    field : 'createtime',
                    title : '产品生产日期',
                    width : 150,
                    formatter : function(value, row, index){
                        return formatterDate(value);
                    }
                }]],
            toolbar : "#toolbar"
    });// $(function())
    //设置分页控件
    var p = $('#dataList').datagrid('getPager');
    $(p).pagination({
        pageSize : 10,//每页显示的记录条数,默认为10
        pageList : [ 10, 20, 30, 50, 100 ],//设置每页记录条数的列表
        beforePageText : '第',//页数文本框前显示的汉字
        afterPageText : '页    共 {pages} 页',
        displayMsg : '当前显示 {from}-{to} 条记 共 {total} 条记录',
```

```
            onSelectPage:function(currentPage,pageSize){
                var gridOpts = $('#dataList').datagrid('options');
                gridOpts.pageNumber = currentPage;
                gridOpts.pageSize = pageSize;
                $("#query_page").val(currentPage);
                $("#query_rows").val(pageSize);
                $("#search-btn").click();
            }
        });
        //设置工具类按钮——搜索
        $("#search-btn").click(function(){
            $.ajax({
                type:"post",
                url:urlStr1,
                dataType:"json",
                data: $("#searchForm").serialize(),
                success: function(data){
                console.info(data.rows);
                var mydata = {"total":data.total,"rows":data.rows};
                $('#dataList').datagrid('loadData',mydata);
                $("#query_name").textbox('setValue',data.name);
                $("#query_minPrice").textbox('setValue', data.minPrice);
                $("#query_maxPrice").textbox('setValue', data.maxPrice);
                $("#query_cid").combobox('setValue',data.cid);
                }
            });
        })
    });
</script>
</head>
    <body>
    <!--数据列表-->
```

第4章　Web版产品管理系统(Spring + SpringMVC + MyBatis)

```html
<table id="dataList" cellspacing="0" cellpadding="0">
</table>
<!--工具栏-->
<div id="toolbar">
    <div style="float:left;">
        <a id="add-btn" href="javascript:;" class="easyui-linkbutton"
            data-options="iconCls:'icon-add',plain:true">添加</a>
    </div>
    <div style="float:left;margin-right:10px;">
        <a id="edit-btn" href="javascript:;" class="easyui-linkbutton"
            data-options="iconCls:'icon-edit',plain:true">修改</a>
    </div>
    <div style="float:left;margin-right:10px;">
        <a id="delete-btn" href="javascript:;"
            class="easyui-linkbutton" data-options="
            iconCls:'icon-some-delete',plain:true">删除</a>
    </div>
    <div style="margin-top:3px;" style="float:left;margin-right:10px;">
        <form id="searchForm" method="post">
            <input id="query_page" type="hidden"    name="page" value="0"/>
            <input id="query_rows" type="hidden"    name="rows" value="0"/>
            产品名称:<input id="query_name" type="text"
                class="easyui-textbox" name="name" value=""/>
            价格区间(元):<input id=query_minPrice type="text"
                class="easyui-textbox" name="minPrice"    value=""/> ~
            <input id="query_maxPrice" type="text"
                class="easyui-textbox" name="maxPrice" value=""/>
            产品类别:
            <select
            name="cid" id="query_cid" class="easyui-combobox">
```

253

```
                    < option value = ″999999″ > 请选择类别 < /option >
                    < c:forEach items = ″${itemCategories}″ var = ″itemCate″ >
                        < option value = ″${itemCate.cid}″ >
                                    ${itemCate.cateName} < /option >
                    < /c:forEach >
                </select >
                < a id = ″search-btn″ href = ″javascript:;″
                    class = ″easyui-linkbutton″
                    data-options = ″iconCls:'icon-search',plain:true″ >搜索
                </a >
            </form >
        </div >
    </div >
</body >
</html >
```

上述 itemList.jsp 页面引入了 EasyUI 脚本框架,涉及 dategrid 组件的使用和工具栏菜单组件的添加,利用 $(function(){}) 函数通过 Ajax 方式发送 POST 请求,请求地址以"/admin/item/get_list.action"结尾,服务器响应的数据填充 datagrid 组件,完成数据的初始化。

点击"搜索"按钮,会通过 Ajax 发送 POST 请求,请求地址以"/admin/item/get_list.action"结尾,将 id 为 searchForm 的表单序列化作为数据提交给服务器,响应的数据会刷新 dategrid 组件,该组件有设置分页控件和提供分页显示功能。

7. 测试条件查询和分页

发布项目并启动 Tomcat 服务器,进入产品管理页面,点击"搜索"按钮可查询所有的产品信息。这些信息都已分页显示,如图 4-9 所示。

图4-9 产品信息列表显示

选择产品类别为"生活",输入价格区间为16~80,再次单击"搜索"按钮,查询结果如图4-10所示。

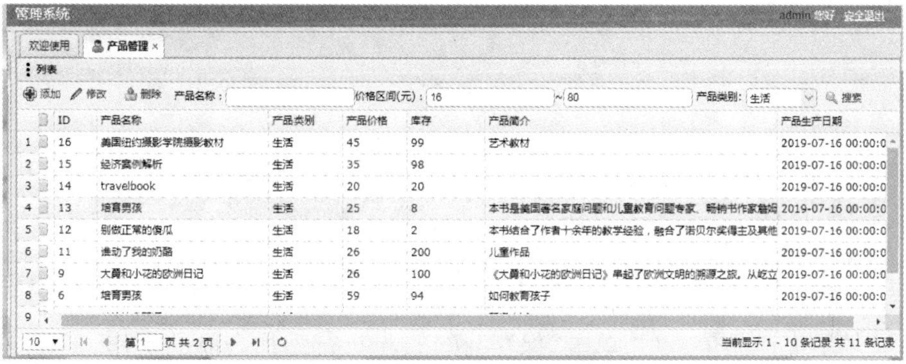

图4-10 条件查询产品信息列表显示

单击列表下方的分页按钮,列表会显示相应的页面,如图4-11所示。

图4-11 分页查询后的产品信息列表显示

4.5.2 添加产品

本项目通过页面弹出窗口方式实现添加产品的操作,单击"添加"按钮后弹出新增产品窗口,如图 4-12 所示。此处可填写新增产品的相关信息。

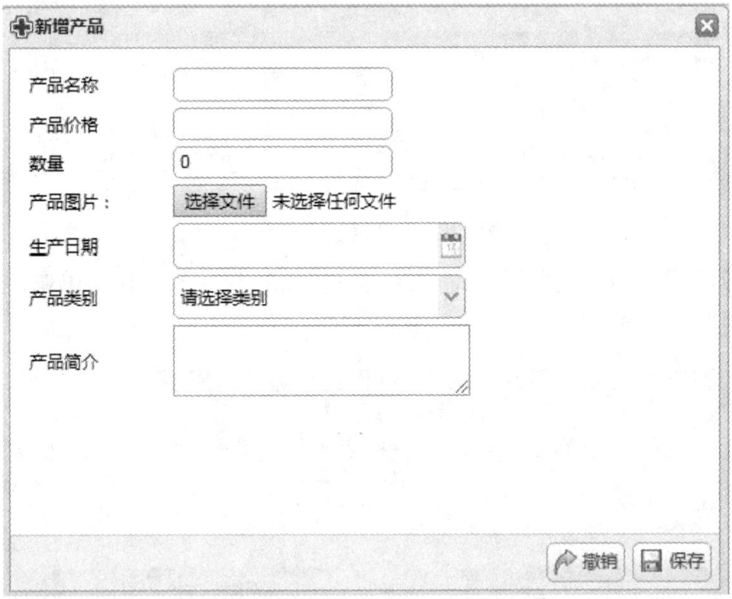

图 4-12 "新增产品"窗口

填写完产品信息后,单击"保存"按钮,将执行添加产品的操作。下面对系统中的添加产品功能进行详述。

1. 实现 DAO 层

(1)编辑 DAO 接口。在 ItemMapper.java 文件中,添加 addItem()方法,代码如下所示。

```
//添加产品
public int addItem(Item item);
```

(2)创建映射语句。在 ItemMapper.xml 文件中,编写插入操作的映射插入语句代码,如下所示。

第4章 Web版产品管理系统(Spring + SpringMVC + MyBatis)

```xml
<insert id="addItem" parameterType="domain.Item">
    insert into item (name,price,cid,imgurl,description,createtime)
        values(#{name},#{price},#{cid},#{imgurl},#{description},
        #{createtime})
</insert>
```

2. 实现Service层

(1)编辑Service接口。在ItemService.java文件中,添加addItem()方法,代码如下所示。

```java
//添加产品
public int addItem(Item item);
```

(2)编辑Service接口的实现类。在ItemServiceImpl.java文件中,实现addItem()方法,代码如下所示。

```java
//添加产品
@Override
public int addItem(Item item){
    return this.itemMapper.addItem(item);
};
```

可以看出,方法体内直接调用了DAO层中的方法。

3. 实现Controller层

在产品控制器类ItemController中编写创建产品的方法,代码如下:

文件4-32 ItemController.java

```java
@ResponseBody
@RequestMapping(value="/admin/item/add", method = RequestMethod.POST)
public Map<String, Object> addItem(MultipartFile file, Item item,
        HttpServletRequest request){
    if(file != null){
        //图片上传
        //设置图片名称,不能重复,可以使用uuid
```

```java
String picName = IdUtils.getUUID();
//获取文件名
String oriName = file.getOriginalFilename();
//得到上传文件真实名称
String fileName = FileUploadUtils.subFileName(oriName);
//得到随机名称
String randomName = FileUploadUtils
        .generateRandonFileName(fileName);
//得到随机目录
String randomDir = FileUploadUtils
        .generateRandomDir(randomName);
//图片存储父目录
String imgurl_parent = "/upload" + randomDir;
File parentDir = new File(request
        .getSession().getServletContext()
                .getRealPath(imgurl_parent));
//验证目录是否存在,如果不存在,则创建
if (!parentDir.exists()){
    parentDir.mkdirs();
}
String imgurl = imgurl_parent + "/" + randomName;
//开始上传
try {
    file.transferTo(new File(parentDir, randomName));
} catch (IllegalStateException e){
    e.printStackTrace();
} catch (IOException e){
    e.printStackTrace();         }
//设置图片名到产品中
item.setImgurl(imgurl);
}
//调用服务层相应的方法完成 add 动作
```

```java
Map<String, Object> ret = new HashMap<String, Object>();
if (itemService.addItem(item) <= 0) {
    ret.put("RESULT", "F");
    ret.put("MSG", "添加失败!");
    return ret;
}
ret.put("RESULT", "S");
ret.put("MSG", "添加成功!");
return ret;
}
```

上述代码涉及图片的上传,为了避免上传图片的名字重复,借助了两个工具类,分别为在 utils 文件夹下创建的 IdUtils.java 与 FileUploadUtils.java,相应代码分别见文件 4-33 与文件 4-34。

文件 4-33 IdUtils.java

```java
package utils;
import java.util.UUID;
//获取 uuid
public class IdUtils {
    public static String getUUID() {
        return UUID.randomUUID().toString();
    }
}
```

文件 4-34 FileUploadUtils.java

```java
package utils;
import java.util.UUID;
public class FileUploadUtils {
    /**
     * 截取真实文件
     *
     * @param fileName
```

```java
 * @return
 */
public static String subFileName(String fileName){
    //查找\出现的位置
    int index = fileName.lastIndexOf("\\");
    if(index == -1){
        return fileName;
    }
    return fileName.substring(index+1);
}
//获得随机UUID文件名
public static String generateRandonFileName(String fileName){
    //获得扩展文件名
    int index = fileName.lastIndexOf(".");
    if(index != -1){
        String ext = fileName.substring(index);
        return UUID.randomUUID().toString() + ext;
    }
    return UUID.randomUUID().toString();
}
//获得hashcode生成二级目录
public static String generateRandomDir(String uuidFileName){
    int hashCode = uuidFileName.hashCode();
    //一级目录
    int d1 = hashCode & 0xf;
    //二级目录
    int d2 = (hashCode >>4) & 0xf;
    return "/" + d1 + "/" + d2;
}
}
```

4. 实现页面

itemList.jsp 页面 "添加" 按钮的实现代码如下：

```
<div style="float:left;">
    <a id="add-btn" href="javascript:;" class="easyui-linkbutton"
        data-options="iconCls:'icon-add',plain:true">添加</a>
</div>
```

在上述代码中，class="easyui-linkbutton"和 data-options="iconCls:'icon-add',plain:true"均基于 JQuery Easy UI 使用标签的方式完成 "添加" 按钮的创建。

在 itemList.jsp 中，新增产品窗口的代码如文件 4-35 所示。由于涉及图片的上传，因此表单的 enctype 属性设置为 "multipart/form-data" 类型，其 method 设置为 post 方式。

文件 4-35 itemList.jsp

```
//此处省略页面其他代码
<!--创建添加窗口-->
<div id="addDialog" style="padding:10px">
  <form enctype="multipart/form-data" id="addForm" method="post">
    <table width="100%" >
        <tr>
            <td>产品名称</td>
            <td><input type="text" id="add_name" name="name"
                    class="easyui-textbox"/></td>
        </tr>
        <tr>
            <td>产品价格</td>
            <td><input type="text" id="add_price" name="price"
                    class="easyui-textbox"/></td>
        </tr>
        <tr>
            <td>数量</td>
```

```html
        <td> <input type="text" id="add_pnum" name="pnum"
                    class="easyui-numberbox"  value="0"
                    readonly="readonly"/> </td>
    </tr>
    <tr>
        <td>产品图片：</td>
        <td> <input id="add_file" type="file" name="myfiles" />
        </td>
    </tr>
    <tr>
        <td>生产日期</td>
        <td> <input id="add_createtime"
             style="width：200px；height：30px；"
             class="easyui-datetimebox"
             type="text" name="createtime" /> </td>
    </tr>
    <tr>
        <td>产品类别</td>
        <td> <select id="add_cid" style="width：200px；height：30px；"
             class="easyui-combobox" name="cid">
             <option value="999999">请选择类别</option>
             <c:forEach items="${itemCategories}" var="itemCate">
             <option value="${itemCate.cid}">
                    ${itemCate.cateName}
             </option>
             </c:forEach>
        </select> </td>
    </tr>
    <tr>
        <td>产品简介</td>
        <td> <textarea rows="3" cols="30" id="add_description"
                       name="description"></textarea>
```

```
            </td>
          </tr>
        </table>
      </form>
    </div>
...
```

在 $(function(){}) 函数内添加文件 4-36 代码,实现单击"添加"按钮,弹出 id 为 addDialog 的新增产品窗口,供用户输入产品信息,输入完成后,单击"保存"按钮,通过 Ajax 方式发送 POST 请求,请求地址以"/admin/item/add.action"结尾,表单输入的信息序列化作为数据一并提交给服务器,如果服务器响应的 RESULT 值为"S",则表示产品创建成功,否则表示创建失败。代码如下:

文件 4-36　itemList.jsp

```
//设置工具类按钮——添加
$("#add-btn").click(function(){
    $("#addDialog").dialog("open");
});
//设置添加选项窗口
var urlStr2 = "${pageContext.request.contextPath}/admin/item"
              +"/add.action";
$("#addDialog").dialog({
    title : "新增产品",
    width : 500,
    height : 400,
    top:60,
    left:200,
    iconCls : "icon-add",
    modal : true,
    collapsible : false,
    minimizable : false,
```

```
maximizable: false,
draggable: true,
closed: true,
buttons: [{
    text: '撤销',
    iconCls: 'icon-redo',
    handler: function(){
        console.info("执行撤销操作");
        $("#addDialog").dialog('close');
    }
},{
    text: '保存',
    iconCls: 'icon-save',
    handler: function(){
        console.info("执行保存操作");
        if($("#add_file").val()==""){
            $.messager.alert("消息提醒","请选择要上传的图片!",
                "warning");
            return false;
        }
        var validate = $("#addForm").form("validate");
        if(!validate){
            $.messager.alert("消息提醒","请检查你输入的数据!",
                "warning");
            return;
        } else {
            var formData = new FormData();
            formData.append('file',$('#add_file')[0].files[0]);
            $.each($("#addForm").serializeArray(),function(i,field){
                formData.append(field.name,field.value);
            })
            console.info(formData);
```

```javascript
$.ajax({
    type : "post",
    url : urlStr2,
    data :formData,
    //告诉 jQuery 不要去处理发送的数据
    processData: false,
    //告诉 jQuery 不要去设置 Content-Type 请求头
    contentType: false,
    success : function(data){
        console.info(data);
        if (data.RESULT == "S"){
            $.messager.alert("消息提醒","新增成功!",
                            "info");
        } else {
            $.messager.alert("消息提醒",data.MSG,
                            "warning");
            return;
        }
        //刷新表格
        $("#dataList").datagrid("reload");
        $("#addDialog").dialog("close");
        $("#add_name").textbox('setValue', "");
        $("#add_price").textbox('setValue', "");
        $("#add_pnum").numberbox('setValue', 0);
        $("#add_description").val("");
        $("#add_createtime").datetimebox('setValue', "");
        $("#add_cid").combobox("setValue", "999999");
    },
    error: function (data){
        $.messager.alert("消息提醒","新增失败",
                        "warning");
    }
});
```

```
            });
          }
        }
    }],
});
```

5. 添加产品测试

至此,完成添加产品的代码编写。将项目发布到服务器,进入产品管理页面,单击"添加"按钮,在弹出的"新增产品"窗口中填写产品信息,并选择要上传的图片,如图4-13所示。

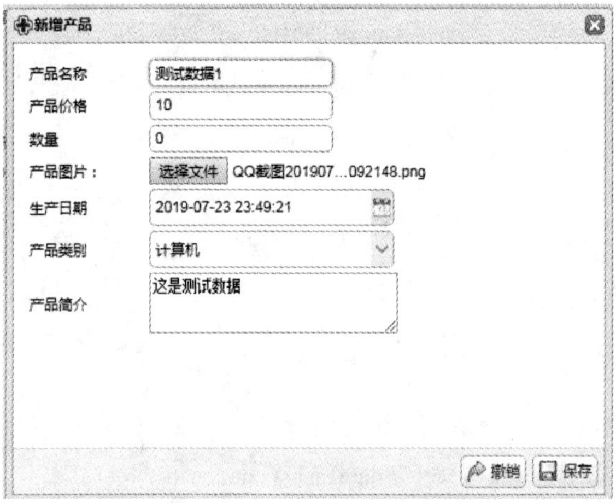

图 4-13　新增产品信息填写窗口

单击图 4-13 中的"保存"按钮,如果程序正确执行,则会弹出"新增成功"窗口,再次单击"确定",浏览器会刷新当前页面。

查询产品是否已创建成功的方法非常简单,只要在条件查询中输入产品名称"测试数据",点击"搜索"即可,如图4-14 所示。

图 4-14　查询产品

可以看出,新创建的产品"测试数据1"的信息已正确查询出来,故产品的添加功能已成功实现。

4.5.3 删除产品

选中某行产品信息,点击工具栏的"删除"按钮,会弹出删除确认框,如图4-15所示。

图4-15 删除确认框

单击"确定"按钮,即可执行删除产品操作。接下来叙述删除产品功能的实现。

1. 实现 DAO 层

(1)编辑 DAO 接口。在 ItemMapper.java 中,添加一个根据 id 删除产品的方法,代码如下:

```
//删除产品
public int deleteItemById(Integer id);
```

(2)创建映射语句。在 ItemMapper.xml 中,编写执行删除操作的映射语句,代码如下:

```
//删除产品
<update id="deleteItemById" parameterType="Integer">
    delete from item where id=#{id}
</update>
```

2. 实现 Service 层

(1)编辑 Service 层接口。在 ItemService.java 中,添加 deleteItem 方法,代码如下:

```
//删除产品
public int deleteItemById(Integer id);
```

（2）编辑 Service 接口的实现类。在 ItemServiceImpl 中，实现 deleteItemById( )方法,代码如下：

```
//删除产品
@Override
public int deleteItemById(Integer id){
    return this.itemMapper.deleteItemById(id);
};
```

3. 实现 Controller 层

ItemController 类中用来删除产品的方法的实现代码如下：

```
//删除商品,返回操作信息
@RequestMapping(value = "/admin/item/delete")
@ResponseBody
public Map<String, Object> delete(Integer id){
    Map<String, Object> ret = new HashMap<String, Object>();
    int count = itemService.deleteItemById(id);
    if(count<=0){
        ret.put("RESULT", "F");
        ret.put("MSG", "删除失败!");
        return ret;
    }
    ret.put("RESULT", "S");
    ret.put("MSG", "删除成功!");
    return ret;
}
```

4. 实现页面

itemList.jsp 页面中,"删除"按钮的实现代码如下：

第4章　Web 版产品管理系统(Spring + SpringMVC + MyBatis)

```
<div style = "float:left;margin-right:10px;">
    <a id = "delete-btn" href = "javascript:;" class = "easyui-linkbutton"
        data-options = "iconCls:'icon-some-delete',plain:true">删除
    </a>
</div>
```

在 $(function(){}) 函数内添加文件 4-37 代码,实现单击"删除"按钮,弹出删除确认对话框,单击"确定"按钮,会通过 Ajax 发送 POST 请求,请求地址以"/admin/item/delete.action"结尾,要删除产品的 id 作为数据一并提交给服务器。如果服务器返回的值 RESULT 值为"S",则表示产品删除成功,否则表示删除失败。代码如下:

文件 4-37　itemList.jsp

```
//设置删除按钮
var urlStr3 = "${pageContext.request.contextPath}/admin/item"
                + "/delete.action";
$("#delete-btn")
    .click(
        function(){
            var selectRow = $("#dataList").datagrid("getSelected");
            console.log(selectRow);
            if(selectRow = = null){
                $.messager.alert("消息提醒","请选择数据进行删除!",
                                "warning");
            }else{
                var clazzid = selectRow.id;
                $.messager.confirm("消息提醒","删除,确认继续?",
                    function(r){
                        if(r){
                            $.ajax({
                                type:"post",
                                url:urlStr3,
```

269

```
                        dataType:"json",
                        data:{
                            id:clazzid
                        },
                        success:function(data)
                        {
                            if(data.RESULT=="S"){
                                $.messager.alert("警告",
                                    "删除成功");
                                //刷新表格
                                $("#dataList").datagrid("reload");
                            }else{
                                $.messager.alert("警告",
                                    data.MSG,"删除失败");
                                return;
                            }
                        }
                    });
                }
            });
        }
    }
);
```

5. 删除产品测试

下面以删除编号为 22 的产品"测试数据 1"为例,测试系统的删除功能。

选中编号为 22 的产品,点击工具栏的"删除"按钮,弹出删除确认框,单击"确定"按钮,会弹出删除成功的提示框,如图 4-16 所示。

图 4-16　删除成功提示框

点击"确定",删除后,系统会刷新当前页面。若发现编号为 22 的产品"测试数据 1"已不在产品信息列表中显示,则说明删除操作执行成功。

4.6　本章小结

本章采用 Spring + SpringMVC + MyBatis 框架技术实现基于 Web 的产品管理系统开发。首先对系统功能、结构等进行了简单介绍,讲解了数据库表。接下来,详细讲解了系统的环境搭建。最后运用用户登录模块阐述如何进行涉及单表的 CURD 实际应用及操作,借助产品管理模块阐述如何进行涉及含关联关系的表的 CURD 实际应用及操作。项目涉及 JSON 数据的后台生成,前端 Ajax 异步交互、图片上传、带条件分页查询等,借助 JQuery EasyUI 创建现代化的互动前端界面,借助 Spring + SprngMVC + MyBatis 框架实现后台开发。

第 5 章
Android 移动版产品 APP

本章选用原生应用(Native APP)模式中的 Android 来开发移动版产品 APP,集成 B/S 模式与 C/S 模式,扩大系统应用的范围,提高系统的适用性和实用性,增加系统的应用前景。在 B/S 模式中,客户端通过浏览器连接广域网或 2G/3G/4G 网络登录页面管理产品信息。在 C/S 模式中,客户可以用手机打开 APP,查看并收藏产品。

5.1 系统概述

5.1.1 系统功能介绍

本系统使用 Android 开发移动端。系统提供用户登录、产品和收藏夹三个功能模块,如图 5-1 所示。

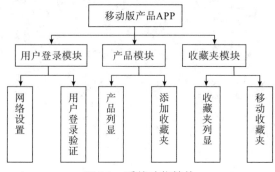

图 5-1 系统功能结构

5.1.2 系统拓扑图

该 APP 的产品数据来自后台的 Web 服务器，其用户登录校验亦由后台 Web 服务器校验。该项目的系统拓扑图如图 5-2 所示。

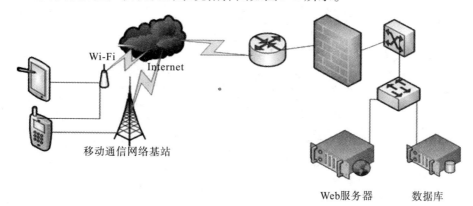

图 5-2 系统拓扑图

5.1.3 文件组织结构

本项目的文件组织结构如图 5-3 所示。

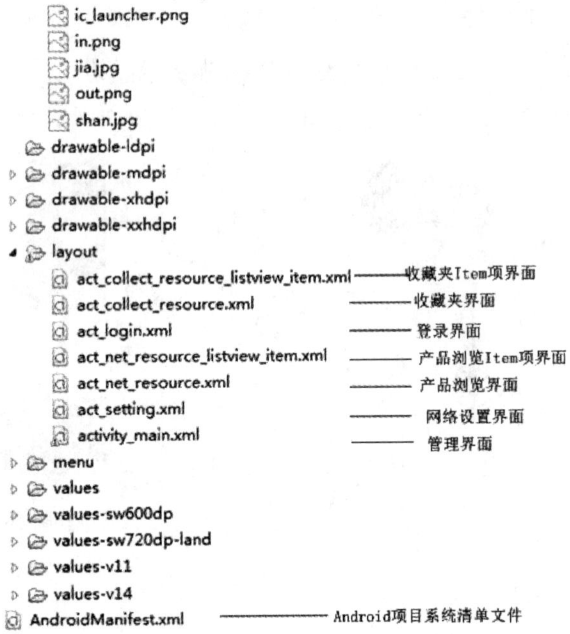

```
                    ic_launcher.png
                    in.png
                    jia.jpg
                    out.png
                    shan.jpg
                drawable-ldpi
              ▷ drawable-mdpi
                drawable-xhdpi
              ▷ drawable-xxhdpi
              ▲ layout
                    act_collect_resource_listview_item.xml ———— 收藏夹Item项界面
                    act_collect_resource.xml ———————————————— 收藏夹界面
                    act_login.xml ———————————————————————— 登录界面
                    act_net_resource_listview_item.xml ————————— 产品浏览Item项界面
                    act_net_resource.xml ——————————————————— 产品浏览界面
                    act_setting.xml ——————————————————————— 网络设置界面
                    activity_main.xml ——————————————————————— 管理界面
              ▷ menu
              ▷ values
              ▷ values-sw600dp
              ▷ values-sw720dp-land
              ▷ values-v11
              ▷ values-v14
                AndroidManifest.xml ————————————————— Android项目系统清单文件
```

图 5-3　项目文件组织结构

5.1.4　系统开发及运行环境

操作系统：Android 4.0.3 ~ Android 8.1。

开发语言：Java。

Java 开发包：JDK8。

开发工具：Android 4.4（API 19）+ Eclipse（Android Developer Tools）。

5.2　数据库设计

本项目的收藏夹功能运用 SQLite3 数据库，只用到产品信息表，如表 5-1 所示。

表 5-1　产品信息表（item）

字段名	数据类型	是否为空	是否主键	默认值	描述
id	int(4)	Not Null	PK		id（自动跳号）
name	varchar(40)	Not Null			产品名称
price	double	Not Null			定价
imgurl	varchar(100)				图片位置

5.3 系统环境搭建

5.3.1 准备后台服务系统开放的 API 接口协议

APP 通过服务器 ip 和 port 获取 JSON 格式的数据。Web 服务器配置路径,如:

http://192.168.1.102:8080/ssmItemDemo/

备注:若接口涉及图片路径,则使用服务器路径与字符串拼接的方式获取,如:

http://192.168.1.102:8080/ssmItemDemo/upload/4/3/0270eba2-2b48-48df-956b-0341204384d9.jpg

1. 用户登录 API

表 5-2 用户登录 API

功能说明	用户登录			
调用路径	http://localhost:8080/ssmItemDemo/login.action			
HTTP 请求方式	POST			
入参		■单表 多表	■单值 多值	
参数名	类型	长度	描述	必须
username	varchar		用户名	■
passowrd	varchar		密码	■
返回				
参数名	类型	长度	描述	必须
RESULT	varchar		成功 S,失败 F	■
MSG	varchar		错误信息	■
字段名	类型	长度	描述	必须
样例				
参数 JSON	{″username″:″admin″,″password″:″admin″}			
返回 JSON	{″MSG″:″登录成功!″,″RESULT″:″S″} {″MSG″:″用户名或密码不正确!″,″RESULT″:″F″}			

2. 查询产品 API

表 5-3 查询产品 API

功能说明	查询产品			
调用路径	http://localhost:8080/ssmItemDemo/client/item/getTopItem.action			
HTTP 请求方式	POST			
入参	■单表　多表　　■单值　多值			
参数名	类型	长度	描述	必须
返回				
参数名	类型	长度	描述	必须
RESULT	varchar		成功 S,失败 F	■
DATA				■多值
字段名	类型	长度	描述	必须
id	int		产品 id 号	■
Name	Varchar		产品名称	■
Price	Double		价格	■
Description	Varchar		产品描述	■
pnum	int		库存量	■
imgurl	varchar		产品图片	■
样例				
参数 JSON				
返回 JSON	{"DATA": [{"id": 2, "name": "网管员必备宝典","price": 20, "createtime": 1563206400000," cid": 14," itemCategory": null, "description": "计算机类", "pnum": 15,"imgurl": "/upload/4/3/ 0270eba2-2b48-48df-956b-0341204384d9. jpg"}, {"id": 8, "name": "赢在影响力","price": 89, "createtime": 1563206400000," cid": 7, "itemCategory": null, "description":"《赢在影响力:人际交往的学问》创造了全球出版史上空前的发行纪录。它深深地触动着读者的神经,满足了他们在人性方面的需要,因此成为经济萧条后期超越流行的读物。它居高不下的销售记录一直持续至 20 世纪 80 年代,经历了几乎半个世纪。", "pnum": 47," imgurl": "/upload/2/8/ acc9d557-f8c9-426b-9aec-50a5a7cf3960. jpg"}],"RESULT": "S"}			

5.3.2 准备所需的 JAR 包

本系统所需的 JAR 包如下:

1. 网络访问 JAR 包

volley.jar

2. JSON 解析的 JAR 包

Gson-2.8.0.jar

3. 基础性 JAR 包

Android-support-v4.jar

5.3.3 准备项目环境

1. 创建项目,导入 JAR 包

在 Eclipse 中,创建名为 androidItemDemo 的 Android 项目,将系统准备的全部 JAR 包复制到项目的 lib 目录中。

2. 编写系统清单文件——AndroidManifest.xml

```xml
<?xml version="1.0" encoding="utf-8"?>
<manifest xmlns:android="http://schemas.android.com/apk/res/android"
    package="com.example.androiditemdemo"
    android:versionCode="1"
    android:versionName="1.0" >
    <uses-sdk
        android:minSdkVersion="8"
        android:targetSdkVersion="18" />
    <!-- 申请网络权限 -->
    <uses-permission android:name="android.permission.INTERNET" />
    <application
        android:allowBackup="true"
        android:icon="@drawable/ic_launcher"
        android:label="@string/app_name"
        android:theme="@style/AppTheme" >
        <activity
            android:name="com.example.view.MainActivity"
```

```
                android:label = "@string/app_name" >
            </activity>
            <activity
                android:name = "com.example.view.LoginActivity"
                android:label = "@string/app_name" >
                <intent-filter>
                    <action android:name = "android.intent.action.MAIN" />
                    <category android:name = "android.intent.category.
                        LAUNCHER" />
                </intent-filter>
            </activity>
        </application>
</manifest>
```

3. 编写工具类

（1）SQLiteOpenHelper 工具类。SQLiteOpenHelper 是 Android 提供的一个管理数据库的工具类，在 src 下创建 com.example.utils 包，在该包下创建 SQLiteOpenHelper 的子类 MySQLiteOpenHelper，用来管理项目收藏夹的数据，详见文件 5-1。

文件 5-1　MySQLiteOpenHelper.java

```
public class MySQLiteOpenHelper extends SQLiteOpenHelper {
    public static final String DB_NAME = "item.db";
    public static final int DB_VERSION = 1;
    public MySQLiteOpenHelper(Context context) {
        super(context, DB_NAME, null, DB_VERSION);
    }
    @Override
    public void onCreate(SQLiteDatabase db) {
        String sql = "create table item (id integer " +
            "primary key AUTOINCREMENT ," +
            "name varchar(20) not null," +
            "price  varchar(20) not null," +
```

```
                    "imgurl varchar(100) not null)";
        db.execSQL(sql);
    }
    @Override /*数据表升级:先删除表,后创建表*/
    public void onUpgrade(SQLiteDatabase arg0, int arg1, int arg2){
    }
}
```

（2）网络访问工具类。项目需要访问网络数据,本项目采用 Volley 网络通信框架进行网络访问。在 src 下创建 com.example.httppost 包,分别创建 VolleyTask.java、VolleyHelper.java 和用于回调的接口 VolleyCallback.java,分别如文件 5-2、5-3、5-4 所示。

文件 5-2　VolleyTask.java

```
public class VolleyTask {
    private Context context;
    private VolleyCallback callback;
    private String task;
    private String url;
    private JSONObject object;
    public VolleyTask(Context context, String url, JSONObject object,
            VolleyCallback callback, String task){
        this.context = context;
        this.callback = callback;
        this.task = task;
        this.url = url;
        this.object = object;
    }
    public void volley_Post(){
        JsonObjectRequest request = new JsonObjectRequest(
                Request.Method.POST,url, object,
                new Response.Listener<JSONObject>(){
                    @Override
```

```
                        public void onResponse(JSONObject jsonObject){
                            Log.i("result", jsonObject.toString());
                            Log.i("url", url);
                            callback.onSuccess(jsonObject, task);
                        }
                }, new Response.ErrorListener(){
                    @Override
                    public void onErrorResponse(VolleyError volleyError){
                        Log.i("result", "异常");
                    }
                });
        request.setTag(tag);
        RequestQueue queues = Volley.newRequestQueue(context);
        queues.add(request);
    }
}
```

文件 5-3　VolleyHelper.java

```
public class VolleyHelper{
    public void sendDates(Context context, String url, JSONObject object,
            VolleyCallback callback, final String tag){
        VolleyTask task = new VolleyTask(context, url, object, callback, tag);
        task.volley_Post();
    }
}
```

文件 5-4　VolleyCallback.java

```
public interface VolleyCallback{
    public void onSuccess(JSONObject result, String task);
}
```

(3) 创建 UrlBean 实体类。

第 5 章　Android 移动版产品 APP

文件 5-5　UrlBean.java

```java
public class UrlBean {
    /**
     * url : 192.168.1.102
     * port :8080
     */
    private String url;
    private String port;
    public String getUrl(){
        return url;
    }
    public void setUrl(String url){
        this.url = url;
    }
    public String getPort(){
        return port;
    }
    public void setPort(String port){
        this.port = port;
    }
}
```

(4)编写网络设置 Util 工具类。

文件 5-6　Util.java

```java
public class Util {
    public static String urlHttp;
    public static String urlPort;
    //设置网络
    public static void saveSetting(String ipUrl, String ipPort, Context context){
        //采用 SharedPreferences 存储网络设置信息
        SharedPreferences spSettingSave = context.getSharedPreferences(
                "setting", MODE_PRIVATE);
```

```
        SharedPreferences. Editor editor = spSettingSave. edit( ) ;
        editor. putString("ipUrl", ipUrl) ;
        editor. putString("ipPort", ipPort) ;
        editor. commit( ) ;
    }
    //获取网络设置对象
    public static UrlBean loadSetting( Context context) {
        UrlBean urlBean = new UrlBean( ) ;
        SharedPreferences loadSettingLoad = context. getSharedPreferences(
            "setting", MODE_PRIVATE) ;
        urlBean. setUrl( loadSettingLoad. getString("ipUrl", "")) ;
        urlBean. setPort( loadSettingLoad. getString("ipPort", "")) ;
        return urlBean;
    }
    //获取网络图片
    public static void getImage( final ImageView img_itemPic, String url,
        Context context, Activity activity) {
            Volley. newRequestQueue( activity). add(
            new ImageRequest( url, new Response. Listener < Bitmap > ( ) {
                @ Override
                public void onResponse( Bitmap bitmap) {
                    img_itemPic. setImageBitmap( bitmap) ;
                }
            }, 0, 0, ImageView. ScaleType. CENTER,
            Bitmap. Config. ARGB_8888,
            new Response. ErrorListener( ) {
                @ Override
                public void onErrorResponse( VolleyError volleyError) {
                }
            })) ;
    }
}
```

5.4 用户登录模块

用户登录模块供用户进行网络设置,明确连接的后台服务器。用户登录时,经网络校验合法的用户方可进入主窗体控制界面。

1. 编写用户登录界面

在 src 下创建 com. example. view 包,在该包下创建一个 Activity 类,名为 LoginActivity,并将布局文件指定为 act_login. xml。该界面供用户输入用户名及密码,预览效果见图 5-4,对应的布局代码见文件 5-7。

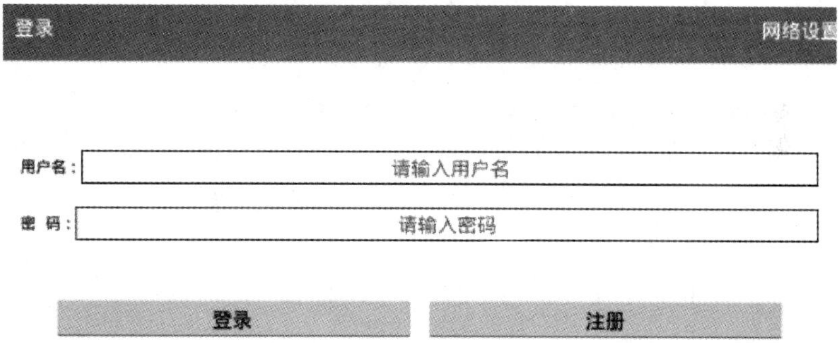

图 5-4 登录界面

文件 5-7 act_login. xml

```
<? xml version ="1.0" encoding ="utf-8"? >
<LinearLayout xmlns:android ="http://schemas. android. com/apk/res/android"
    android:layout_width ="match_parent"
    android:layout_height ="match_parent"
    android:background ="#f1f1f1"
    android:orientation ="vertical" >
   <FrameLayout
      android:layout_width ="match_parent"
      android:layout_height ="60dp"
      android:background ="#56abe4"
      android:orientation ="horizontal" >
     <TextView
```

```
            android:id = "@ + id/tv_title"
            android:layout_width = "wrap_content"
            android:layout_height = "wrap_content"
            android:layout_gravity = "center_vertical"
            android:padding = "15dp"
            android:text = "登录"
            android:textColor = "#ffffff"
            android:textSize = "18sp" / >
        < TextView
            android:id = "@ + id/txtwangluo"
            android:layout_width = "wrap_content"
            android:layout_height = "wrap_content"
            android:layout_gravity = "center_vertical|right"
            android:text = "网络设置"
            android:textColor = "#fff"
            android:textSize = "18sp" / >
</FrameLayout >
< LinearLayout
    android:layout_width = "match_parent"
    android:layout_height = "wrap_content"
    android:layout_marginLeft = "20dp"
    android:layout_marginRight = "20dp"
    android:layout_marginTop = "80dp"
    android:orientation = "horizontal" >
    < TextView
        android:id = "@ + id/textView1"
        android:layout_width = "wrap_content"
        android:layout_height = "match_parent"
        android:gravity = "center_horizontal|center_vertical"
        android:text = "用户名:" / >
    < EditText
        android:id = "@ + id/edit1"
```

```xml
            android:layout_width = "match_parent"
            android:layout_height = "30dp"
            android:layout_weight = "1"
            android:background = "@ drawable/biankuang1"
            android:ems = "10"
            android:gravity = "center_horizontal|center_vertical"
            android:hint = "请输入用户名" >
            <requestFocus / >
        </EditText>
</LinearLayout>
<LinearLayout
        android:layout_width = "match_parent"
        android:layout_height = "wrap_content"
        android:layout_marginLeft = "20dp"
        android:layout_marginRight = "20dp"
        android:layout_marginTop = "20dp"
        android:orientation = "horizontal" >
    <TextView
            android:id = "@ + id/textView1"
            android:layout_width = "wrap_content"
            android:layout_height = "match_parent"
            android:gravity = "center_horizontal|center_vertical"
            android:text = "密 码:" / >
    <EditText
            android:id = "@ + id/edit2"
            android:layout_width = "match_parent"
            android:layout_height = "30dp"
            android:background = "@ drawable/biankuang1"
            android:gravity = "center_horizontal|center_vertical"
            android:hint = "请输入密码"
            android:inputType = "textPassword"
            android:orientation = "horizontal" / >
```

```xml
    </LinearLayout>
    <LinearLayout
        android:layout_width="match_parent"
        android:layout_height="40dp"
        android:layout_marginLeft="50dp"
        android:layout_marginRight="50dp"
        android:layout_marginTop="50dp">
        <Button
            android:id="@+id/btnlogin"
            android:layout_width="wrap_content"
            android:layout_height="match_parent"
            android:layout_marginRight="5dp"
            android:layout_weight="1"
            android:text="登录"/>
        <Button
            android:layout_width="wrap_content"
            android:layout_height="match_parent"
            android:layout_marginLeft="5dp"
            android:layout_weight="1"
            android:text="注册"/>
    </LinearLayout>
</LinearLayout>
```

上述布局中用到了图片资源文件 biankuang1.xml,代码如下：

```xml
<?xml version="1.0" encoding="utf-8"?>
<shape xmlns:android="http://schemas.android.com/apk/res/android"
    android:shape="rectangle">
    <size android:height="25dp" android:width="25dp"/>
    <stroke android:width="1dp" android:color="#000"/>
    <solid android:color="#ffffff"/>
</shape>
```

2. 编写网络设置界面

点击登录界面右上角的"网络设置",弹出如图 5-5 所示的对话框。

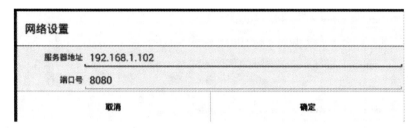

图 5-5 网络设置对话框

图 5-5 对应的布局代码如文件 5-8 所示。

文件 5-8　act_setting.xml

```
<?xml version = "1.0" encoding = "utf-8"?>
<LinearLayout xmlns:android = "http://schemas.android.com/apk/res/android"
    android:layout_width = "match_parent"
    android:layout_height = "match_parent"
    android:background = "#f1f1f1"
    android:orientation = "vertical" >
    <FrameLayout
        android:layout_width = "match_parent"
        android:layout_height = "60dp"
        android:background = "#f5f5f5"
        android:orientation = "horizontal" >
        <TextView
            android:id = "@ + id/tv_title"
            android:layout_width = "match_parent"
            android:layout_height = "match_parent"
            android:gravity = "center_vertical"
            android:padding = "15dp"
            android:text = "网络设置"
            android:textColor = "#1292db"
            android:textSize = "20sp" />
```

```xml
</FrameLayout>
<View
    android:layout_width="match_parent"
    android:layout_height="1dp"
    android:background="#1893d8"/>
<LinearLayout
    android:layout_width="match_parent"
    android:layout_height="40dp"
    android:orientation="horizontal">
    <TextView
        android:layout_width="120dp"
        android:layout_height="match_parent"
        android:gravity="center_vertical|right"
        android:text="服务器地址"
        android:textColor="#1893d8" />
    <EditText
        android:id="@+id/ed_ip"
        android:layout_width="match_parent"
        android:layout_height="match_parent"
        android:hint="192.168.1.102" />
</LinearLayout>
<LinearLayout
    android:layout_width="match_parent"
    android:layout_height="40dp"
    android:orientation="horizontal">
    <TextView
        android:layout_width="120dp"
        android:layout_height="match_parent"
        android:gravity="center_vertical|right"
        android:text="端口号"
        android:textColor="#1893d8" />
    <EditText
```

```
                android:id = "@ + id/ed_port"
                android:layout_width = "match_parent"
                android:layout_height = "match_parent"
                android:hint = "8080"
                android:inputType = "number" / >
    </LinearLayout >
</LinearLayout >
```

3. 编写 LoginActivity 代码

LoginActivity 供用户进行网络设置。设置成功后,用户可以在界面输入用户名及密码。若输入信息通过网络用户校验,则会跳转到 MainActivity,代码如文件 5-9 所示。

文件 5-9　LoginActivity.java

```java
public class LoginActivity extends Activity implements View.OnClickListener,
        VolleyCallback {
    private EditText edit1;//用户名编辑框
    private EditText edit2;//密码编辑框
    private Button btnlogin;//登录按钮
    private TextView txtwangluo;//网络设置文本框
    private VolleyHelper volleyHelper = new VolleyHelper();
    @Override
    protected void onCreate(Bundle savedInstanceState) {
        super.onCreate(savedInstanceState);
        requestWindowFeature(Window.FEATURE_NO_TITLE);
        setContentView(R.layout.act_login);
        initView();
        //采用图片资源文件设置用户名编辑框背景
        edit1.setOnFocusChangeListener(new View.OnFocusChangeListener() {
            @Override
            public void onFocusChange(View view, boolean b) {
                edit1.setBackgroundResource(R.drawable.biankuang3);
                edit2.setBackgroundResource(R.drawable.biankuang1);
```

```
        }
    });
    edit2.setOnFocusChangeListener(new View.OnFocusChangeListener(){
        @Override
        public void onFocusChange(View view, boolean b){
            edit2.setBackgroundResource(R.drawable.biankuang3);
            edit1.setBackgroundResource(R.drawable.biankuang1);
        }
    });
    //网络设置文本框点击事件
    txtwangluo.setOnClickListener(new View.OnClickListener(){
        @Override
        public void onClick(View view){
            //自定义对话框
            final View view1 = LayoutInflater.from(LoginActivity.this).
                    inflate(R.layout.act_setting, null);
            AlertDialog.Builder builder = new AlertDialog.
                    Builder(LoginActivity.this);
            builder.setView(view1);
            builder.setPositiveButton("确定",
                    new DialogInterface.OnClickListener(){
                        @Override
                        public void onClick(DialogInterface dialog, int which){
                            //检验ip及port是否为空
                            EditText ed_ip = (EditText)view1
                                    .findViewById(R.id.ed_ip);
                            EditText ed_port = (EditText)view1
                                    .findViewById(R.id.ed_port);
                            String ipUrl = ed_ip.getText().toString().trim();
                            if(TextUtils.isEmpty(ipUrl)){
                                Toast.makeText(LoginActivity.this,
```

```
                        "ip 不能为空",
                        Toast.LENGTH_SHORT).show();
                    return;
                }
                String ipPort
                        = ed_port.getText().toString().trim();
                if(TextUtils.isEmpty(ipPort)){
                    Toast.makeText(LoginActivity.this,
                    "端口号不能为空", Toast.LENGTH_SHORT).
show();
                    return;
                }
                //存储 ip 与 port
                Util.saveSetting(ipUrl, ipPort, LoginActivity.this);
                dialog.dismiss();
            }
        });
        builder.setNegativeButton("取消", new DialogInterface.
            OnClickListener()
            {
                @Override
                public void onClick(DialogInterface arg0, int arg1){
                    EditText ed_ip = (EditText)view1
                            .findViewById(R.id.ed_ip);
                    EditText ed_port = (EditText)view1
                            .findViewById(R.id.ed_port);
                    ed_ip.setText("192.168.1.102");
                    ed_port.setText("8080");
                }
        });
        builder.create();
```

```
            builder.show();
        }
    });
}
private void initView() {
    txtwangluo = (TextView)findViewById(R.id.txtwangluo);
    edit1 = (EditText)findViewById(R.id.edit1);
    edit2 = (EditText)findViewById(R.id.edit2);
    btnlogin = (Button)findViewById(R.id.btnlogin);
    btnlogin.setOnClickListener(this);
}
//点击登录
@Override
public void onClick(View v) {
    //获取
    UrlBean urlBean = Util.loadSetting(LoginActivity.this);
    if(urlBean == null) {
        Toast.makeText(this,"请先进行网络设置",
                Toast.LENGTH_SHORT).show();
        return;
    }
    String username = edit1.getText().toString().trim();
    if (TextUtils.isEmpty(username)) {
        Toast.makeText(this,"用户名不能为空",
                Toast.LENGTH_SHORT).show();
        return;
    }
    String password = edit2.getText().toString().trim();
    if (TextUtils.isEmpty(password)) {
        Toast.makeText(this,"密码不能为空",
                Toast.LENGTH_SHORT).show();
        return;
```

```java
        }
        switch (v.getId()) {
        case R.id.btnlogin:
            try {
                String url = "http://" + urlBean.getUrl()
                        + ":" + urlBean.getPort() + "/ssmItemDemo/login.action";
                String json = "{\"username\":\"" + username
                        + "\",\"password\":\"" + password + "\"}";
                volleyHelper.sendDates(LoginActivity.this, url,
                        new JSONObject(json), this, "login");
            } catch (JSONException e) {
                //TODO Auto-generated catch block
                e.printStackTrace();
            }
        }
    }
    
    @Override
    public void onSuccess(JSONObject result, String task) {
        try {
            if ("S".equals(result.getString("RESULT"))) {
                startActivity(new Intent(LoginActivity.this,
                        MainActivity.class));
                this.finish();
            } else {
                Toast.makeText(this, "输入的用户名或密码错误",
                        Toast.LENGTH_SHORT).show();
            }
        } catch (JSONException e) {
            //TODO Auto-generated catch block
            e.printStackTrace();
        }
    }
}
```

4. 编写主窗体界面

合法用户进入后看到的主窗体界面布局代码如文件 5-10 所示。

文件 5-10　activity_main.xml

```xml
< RelativeLayout xmlns:android = "http://schemas.android.com/apk/res/android"
    xmlns:tools = "http://schemas.android.com/tools"
    android:layout_width = "match_parent"
    android:layout_height = "match_parent"
    android:paddingBottom = "@dimen/activity_vertical_margin"
    android:paddingLeft = "@dimen/activity_horizontal_margin"
    android:paddingRight = "@dimen/activity_horizontal_margin"
    android:paddingTop = "@dimen/activity_vertical_margin"
    tools:context = ".MainActivity" >
 < RadioGroup
        android:id = "@ + id/rg_btns"
        android:layout_width = "match_parent"
        android:layout_height = "wrap_content"
        android:layout_alignParentBottom = "true"
        android:gravity = "center"
        android:orientation = "horizontal" >
     < RadioButton
            android:id = "@ + id/btn_menu1"
            android:layout_weight = "1"
            android:tag = "1"
            android:text = "产品列显"
            android:textSize = "32sp"/ >
     < RadioButton
            android:id = "@ + id/btn_menu2"
            android:layout_weight = "1"
            android:tag = "2"
            android:text = "收藏夹"
            android:textSize = "32sp" / >
```

```
    </RadioGroup >
        < FrameLayout
        android:id = "@ + id/content"
        android:layout_width = "match_parent"
        android:layout_height = "match_parent"
        android:layout_above = "@ id/rg_btns" > </FrameLayout >
</RelativeLayout >
```

5. 编写 MainActivity 代码

MainActivity 用来设置 RadioGroup 按钮事件,点击底部标签可切换显示产品列显和收藏夹,代码如文件 5-11 所示。

文件 5-11　MainActivity.java

```
public class MainActivity extends FragmentActivity {
    private RadioGroup rg_btns;
    private FragmentManager fm = getSupportFragmentManager();
    private Fragment fir, sec;
    @Override
    protected void onCreate(Bundle savedInstanceState) {
        super.onCreate(savedInstanceState);
        setContentView(R.layout.activity_main);
        initView();
        //默认显示的 fragment
        selectBtn(R.id.btn_menu1);
        rg_btns.setOnCheckedChangeListener(
          new OnCheckedChangeListener() {
            @Override
            public void onCheckedChanged(RadioGroup group, int checkedId) {
                selectBtn(checkedId);
            }
        });
    }
    private void selectBtn(int checkedId) {
```

```java
            FragmentTransaction ft = fm.beginTransaction();
            isNull(ft);
            switch (checkedId) {
            case R.id.btn_menu1:
                if (fir == null) {
                    fir = new FirstFragment();
                    ft.add(R.id.content, fir);
                } else {
                    ft.show(fir);
                }
                break;
            case R.id.btn_menu2:
                if (sec != null) {
                    ft.remove(sec);
                }
                sec = new SecondFragment();
                ft.add(R.id.content, sec);
                break;
            default:
                break;
            }
            //千万别忘了要 commit
            ft.commit();
        }
        private void isNull(FragmentTransaction ft) {
            if (fir != null) {
                ft.hide(fir);
            }
            if (sec != null) {
                ft.hide(sec);
            }
        }
    }
```

```
//初始化控件,注意养成习惯
private void initView( ){
    rg_btns = (RadioGroup)findViewById( R. id. rg_btns);
}
@ Override
public boolean onCreateOptionsMenu( Menu menu){
    getMenuInflater( ). inflate( R. menu. main, menu);
    return true;
}
}
```

5.5 产品模块

产品模块显示后台服务器上发布的产品,点选"+"按钮,可以进行本地收藏。

5.5.1 产品列显

1. 编写产品列显界面

在 src 下创建 com. example. fragment 包,在该包下创建一个名为 FirstFragment 的 Fragment 类,并将布局文件指定为 act_net_resource. xml。该界面用于展示后台服务器发布的产品,效果如图 5-6 所示,对应的布局代码如文件 5-12 所示。

图 5-6 产品列显效果

文件 5-12 act_net_resource.xml

```
<?xml version="1.0" encoding="utf-8"?>
<RelativeLayout xmlns:android="http://schemas.android.com/apk/res/android"
    xmlns:tools="http://schemas.android.com/tools"
    android:layout_width="match_parent"
    android:layout_height="match_parent"
    android:screenOrientation="landscape" >
    <ListView
        android:id="@+id/listView1"
        android:layout_width="match_parent"
        android:layout_height="wrap_content"
        android:layout_alignParentLeft="true"
```

```
            android:layout_alignParentTop = "true" >
        </ListView>
</RelativeLayout>
```

列显界面上每行 Item 项对应的布局文件为 act_net_resource_listview_item.xml,如文件 5-13 所示。

文件 5-13　act_net_resource_listview_item.xml

```
<?xml version = "1.0" encoding = "utf-8"? >
<LinearLayout xmlns:android = "http://schemas.android.com/apk/res/android"
    android:layout_width = "match_parent"
    android:layout_height = "match_parent"
    android:orientation = "horizontal" >
    <LinearLayout
        android:layout_width = "wrap_content"
        android:layout_height = "wrap_content"
        android:orientation = "vertical" >
        <ImageView
            android:id = "@ + id/img_imgurl"
            android:layout_width = "120dip"
            android:layout_height = "120dip"
            android:layout_gravity = "center_vertical"
            android:scaleType = "centerInside"
            android:src = "@drawable/ic_launcher" />
    </LinearLayout>
    <LinearLayout
        android:layout_width = "match_parent"
        android:layout_height = "wrap_content"
        android:orientation = "horizontal" >
        <LinearLayout
            android:layout_width = "wrap_content"
            android:layout_height = "wrap_content"
            android:orientation = "vertical"
```

```xml
        android:layout_weight = "1"
        >
        <TextView
            android:id = "@+id/tv_id"
            android:layout_width = "wrap_content"
            android:layout_height = "wrap_content"
            android:text = "ID"
            android:textSize = "32sp" />
        <TextView
            android:id = "@+id/tv_name"
            android:layout_width = "wrap_content"
            android:layout_height = "wrap_content"
            android:text = "名称"
            android:textSize = "32sp" />
        <TextView
            android:id = "@+id/tv_price"
            android:layout_width = "wrap_content"
            android:layout_height = "wrap_content"
            android:text = "价格"
            android:textSize = "32sp" />
    </LinearLayout>
    <ImageView
        android:id = "@+id/iv_sc"
        android:layout_width = "40pt"
        android:layout_height = "40pt"
        android:src = "@drawable/jia"
        android:layout_gravity = "center_vertical"
        />
</LinearLayout>
</LinearLayout>
```

2. 编写 Item 实体类

创建一个 Item 类,用于封装产品信息,代码如文件 5-14 所示。

文件 5-14　Item.java

```
public class Item {
    private Integer id;                    //产品 id
    private String name;                   //产品名称
    private double price;                  //产品价格
    private Integer cid;                   //产品类别
    private String description;            //产品描述
    private int pnum;                      //数量
    private String imgurl;                 //图片位置
    /* 提供 get/set 及 toString 方法,此处代码省略 */
}
```

3. 编写 FirstFragment 代码

FirstFragment.java 程序用来发送网络请求,获取后台服务器提供的 JSON 格式的数据,解析数据后,利用自定义的适配器(MyBaseAdapter)将数据填充显示在 ListView 上,代码如文件 5-15 所示。

文件 5-15　FirstFragment.java

```
public class FirstFragment extends Fragment implements VolleyCallback {
    private Context context;
    private MainActivity activity;
    private ListView listView;
    private List<Item> itemList = new ArrayList<Item>();
    private MyBaseAdapter adapter;
    private UrlBean urlBean;
    private VolleyHelper volleyHelper = new VolleyHelper();
    private Handler handler = new Handler() {
        //重写 handleMessage 方法,在主线程执行,
        //用于接收来自子线程的消息
        @Override
```

```java
    public void handleMessage(Message msg){
        System.out.println("接收到数据");
        adapter.notifyDataSetChanged();
    }
};

@Override
public View onCreateView(LayoutInflater inflater, ViewGroup container,
        Bundle savedInstanceState){
    View view = inflater.inflate(R.layout.act_net_resource,
            container, false);
    activity = (MainActivity)getActivity();
    context = activity.getApplicationContext();
    urlBean = Util.loadSetting(context);
    listView = (ListView)view.findViewById(R.id.listView1);
    adapter = new MyBaseAdapter();
    listView.setAdapter(adapter);
    sendRequest();
    return view;
}
//发送请求
private void sendRequest(){
    //构建url
    String url = "http://" + urlBean.getUrl() + ":" + urlBean.getPort()
            + "/ssmItemDemo/client/item/getTopItem.action";
    volleyHelper.sendDates(activity, url, null, this, "t1");
}
//解析返回的数据
@Override
public void onSuccess(JSONObject result, String task){
    if("t1".equals(task)){
        Gson gson = new Gson();
```

```
try {
    Type type = new TypeToken<List<Item>>(){
    }.getType();
    itemList = new Gson().fromJson(result
            .getJSONArray("DATA").toString(), type);
    //发消息
    handler.sendEmptyMessage(1);
    System.out.println("发送数据");
} catch (JsonSyntaxException e) {
    //TODO Auto-generated catch block
    e.printStackTrace();
} catch (JSONException e) {
    //TODO Auto-generated catch block
    e.printStackTrace();
}
    }
}
//内部类——自定义适配器
class MyBaseAdapter extends BaseAdapter {
    @Override
    //列表项的个数
    public int getCount() {
        return itemList.size();
    }
    @Override
    //一个列表项就是list集合中某位置的产品
    public Object getItem(int position) {
        return itemList.get(position);
    }
    @Override
    //第 position 个列表项的位置
```

```java
public long getItemId(int position) {
    return position;
}
@Override
public View getView(int position, View arg1, ViewGroup arg2) {
    final Item item = itemList.get(position);
    //列表项布局文件
    View itemView = View.inflate(activity.getApplicationContext(),
            R.layout.act_net_resource_listview_item, null);
    TextView tv_itemId = (TextView) itemView
            .findViewById(R.id.tv_id);
    TextView tv_itemName = (TextView) itemView
            .findViewById(R.id.tv_name);
    TextView tv_itemPrice = (TextView) itemView
            .findViewById(R.id.tv_price);
    ImageView img_itemPic = (ImageView) itemView
            .findViewById(R.id.img_imgurl);
    tv_itemId.setText(item.getId() + "");
    tv_itemName.setText(item.getName() + "");
    tv_itemPrice.setText(item.getPrice() + "");
    //加载网络图片
    String url = "http://" + urlBean.getUrl() + ":"
            + urlBean.getPort()
            + "/ssmItemDemo" + item.getImgurl();
    Util.getImage(img_itemPic, url, context, activity);
    //收藏操作
    return itemView;
}
}
}
```

5.5.2 添加收藏夹

在产品列显界面,点选某行后方的"＋"按钮,可以实现本地收藏。

1. 创建 ItemDao 类

创建 ItemDao.java,该类提供 insertItem()方法实现添加功能,方法的详细内容如文件 5-16 所示。

文件 5-16　ItemDao.java

```java
public class ItemDao {
    MySQLiteOpenHelper helper;
    public ItemDao(Context context) {
        helper = new MySQLiteOpenHelper(context);
    }
    public void  insertItem(Item item) {
        SQLiteDatabase db = helper.getWritableDatabase();
        db.execSQL ("insert into item(name,price,imgurl)values(?,?,?)",
                    new Object[ ]{item.getName(),item.getPrice()
                    ,item.getImgurl()});
        db.close();
    }
}
```

2. 编辑 FirstFragment 代码

找到 FirstFragment.java 代码中 MyBaseAdapter 内部类的 getView()方法,添加如下代码,便可实现本地收藏。

```java
//收藏操作
ImageView iv_sc = (ImageView)itemView.findViewById(R.id.iv_sc);
iv_sc.setOnClickListener(new OnClickListener() {
    @Override
    public void onClick(View arg0) {
        //本地 SQLite3 插入数据动作
        itemDao.insertItem(item);
        //移除已收藏的 Item
```

```
         itemList.remove(item);
         //刷新适配器
         adapter.notifyDataSetChanged();
      }
});
```

5.6 收藏夹模块

收藏夹模块可以查看已收藏到本地的产品,点选" "按钮,可以进行本地收藏的移除。

5.6.1 收藏夹列显

1. 编写收藏夹列显界面

在 com.example.fragment 包下创建一个名为 SecondFragment 的 Fragment 类,并将布局文件指定为 act_collect_resource.xml,用于展示本地收藏的产品,效果如图 5-7 所示,对应的布局代码如文件 5-17 所示。

图 5-7 本地收藏夹

文件 5-17　act_collect_resource.xml

```xml
<?xml version="1.0" encoding="utf-8"?>
<RelativeLayout xmlns:android="http://schemas.android.com/apk/res/android"
    xmlns:tools="http://schemas.android.com/tools"
    android:layout_width="match_parent"
    android:layout_height="match_parent"
    android:screenOrientation="landscape" >
    <ListView
        android:id="@+id/listView1"
        android:layout_width="match_parent"
        android:layout_height="wrap_content"
        android:layout_alignParentLeft="true"
        android:layout_alignParentTop="true" >
    </ListView>
</RelativeLayout>
```

列显界面每行 Item 项所对应的布局文件为 act_collect_resource_listview_item.xml，如文件 5-18 所示。

文件 5-18　act_collect_resource_listview_item.xml

```xml
<?xml version="1.0" encoding="utf-8"?>
<LinearLayout xmlns:android="http://schemas.android.com/apk/res/android"
    android:layout_width="match_parent"
    android:layout_height="match_parent"
    android:orientation="horizontal" >
    <LinearLayout
        android:layout_width="wrap_content"
        android:layout_height="wrap_content"
        android:orientation="vertical" >
        <ImageView
            android:id="@+id/c_imageView"
            android:layout_width="120dip"
            android:layout_height="120dip"
```

```
            android:layout_gravity = "center_vertical"
            android:scaleType = "centerInside"
            android:src = "@ drawable/ic_launcher" / >
    </LinearLayout >
    < LinearLayout
        android:layout_width = "match_parent"
        android:layout_height = "wrap_content"
        android:orientation = "horizontal" >
      < LinearLayout
            android:layout_width = "wrap_content"
            android:layout_height = "wrap_content"
            android:layout_weight = "1"
            android:orientation = "vertical" >
         < TextView
                android:id = "@ + id/tv_c_id"
                android:layout_width = "wrap_content"
                android:layout_height = "wrap_content"
                android:text = "ID"
                android:textSize = "32sp" / >
         < TextView
                android:id = "@ + id/tv_c_name"
                android:layout_width = "wrap_content"
                android:layout_height = "wrap_content"
                android:text = "名称"
                android:textSize = "32sp" / >
         < TextView
                android:id = "@ + id/tv_c_price"
                android:layout_width = "wrap_content"
                android:layout_height = "wrap_content"
                android:text = "价格"
                android:textSize = "32sp" / >
      </LinearLayout >
```

```
        <ImageView
            android:id = "@ + id/iv_del"
            android:layout_width = "40pt"
            android:layout_height = "40pt"
            android:layout_gravity = "center_vertical"
            android:src = "@ drawable/shan" / >
    </LinearLayout >
</LinearLayout >
```

2. 编辑 ItemDao 代码

在 ItemDao 类中提供 queryItemAll( )方法实现查询功能,详细内容如下:

```
/**
* 查询所有产品
* @ return List < Item > 集合
*/
public List < Item >  queryItemAll( ) {
    List < Item >   ItemList = new ArrayList < Item > ( );
    SQLiteDatabase db = helper.getReadableDatabase( );
    Cursor  cursor = db.rawQuery( "select * from Item", null);
    while( cursor.moveToNext( ) )
    {
        int id = cursor.getInt( cursor.getColumnIndex( "id" ) );
        String  name = cursor.getString( cursor.getColumnIndex( "name" ) );
        double price = Double.parseDouble(
                cursor.getString( cursor.getColumnIndex( "price" ) ) );
        String  imgurl = cursor.getString( cursor.getColumnIndex( "imgurl" ) );
        /* 把每一条数据包装成 Item 产品对象 */
        Item   p = new Item( id, name, price, imgurl);
        ItemList.add( p);
    }
    return ItemList;
}
```

3. 编写 SecondFragment 代码

SecondFragment.java 程序主要用来获取本地 SQLite3 数据,获得数据后,利用自定义的适配器(ItemAdapter)将数据填充显示在 ListView 上,代码如文件 5-19 所示。

文件 5-19　SecondFragment.java

```
public class SecondFragment extends Fragment {
    private Context context;
    private MainActivity activity;
    private ListView listView;
    private List<Item> itemList = new ArrayList<Item>();
    private ItemAdapter adapter;
    private ItemDao itemDao;
    @Override
    public View onCreateView(LayoutInflater inflater, ViewGroup container,
            Bundle savedInstanceState) {
        View view = inflater.inflate(R.layout.act_collect_resource,
                    container, false);
        activity = (MainActivity)getActivity();
        context = activity.getApplicationContext();
        listView = (ListView)view.findViewById(R.id.listView1);
        //实例化 Dao
        itemDao = new ItemDao(context);
        //获取本地所有的产品
        itemList = itemDao.queryItemAll();
        //创建适配器
        adapter = new ItemAdapter();
        listView.setAdapter(adapter);
        return view;
    }
    @Override
    public void onResume() {
```

```java
        //TODO Auto-generated method stub
        super.onResume();
}
class ItemAdapter extends BaseAdapter{
    @Override
    //列表项的个数
    public int getCount(){
        return itemList.size();
    }
    @Override
    //一个列表项就是list集合中某位置的产品
    public Object getItem(int position){
        return itemList.get(position);
    }
    @Override
    //第position个列表项的位置
    public long getItemId(int position){
        return position;
    }
    @Override
    public View getView(int position, View arg1, ViewGroup arg2){
        final Item item = itemList.get(position);
        //列表项布局文件
        View itemView = View.inflate(context,
                R.layout.act_collect_resource_listview_item, null);
        TextView tv_itemId = (TextView)itemView
                .findViewById(R.id.tv_c_id);
        TextView tv_itemName = (TextView)itemView
                .findViewById(R.id.tv_c_name);
        TextView tv_itemPrice = (TextView)itemView
                .findViewById(R.id.tv_c_price);
        ImageView img_itemPic = (ImageView)itemView
```

```
                    .findViewById(R.id.c_imageView);
            tv_itemId.setText(item.getId()+"");
            tv_itemName.setText(item.getName()+"");
            tv_itemPrice.setText(item.getPrice()+"");
            //加载网络图片
            UrlBean urlBean = Util.loadSetting(context);
            String url = "http://" + urlBean.getUrl() + ":"
                    + urlBean.getPort()
                    + "/ssmItemDemo" + item.getImgurl();
            Util.getImage(img_itemPic, url, context, activity);
            return itemView;
        }
    }
}
```

5.6.2 收藏夹移除

在收藏夹列显界面,点选某行后方的"▇"按钮,可以将产品从本地收藏夹移除。

1. 编辑 ItemDao 类

为 ItemDao.java 类提供 deleteItem() 方法实现删除功能,详细内容如下:

```
/**
 * 根据传入的产品 id 删除
 * @param ItemId
 */
public void    deleteItem(int id){
    SQLiteDatabase db = helper.getWritableDatabase();
    db.execSQL("delete from Item where id = ?", new Object[]{id});
    db.close();
}
```

2. 编辑 SecondFragment 代码

找到 SecondFragment.java 代码 ItemAdapter 内部类的 getView() 方法,添

加如下代码,便可实现将产品从本地收藏夹移除。

```
//删除操作
ImageView iv_del = (ImageView)itemView.findViewById(R.id.iv_del);
iv_del.setOnClickListener(new OnClickListener(){
    @Override
    public void onClick(View arg0){
        itemDao.deleteItem(item.getId());
        itemList.remove(item);
        adapter.notifyDataSetChanged();
    }
});
```

5.7 本章小结

本章采用 Android 技术实现移动版的产品 APP 开发。首先对系统功能、拓扑图、文件组织结构等进行了简单介绍,然后介绍了数据库设计,并详细讲解了系统的环境搭建工作,最后介绍了用户登录模块、产品模块、收藏夹模块的设计及实现。项目涉及 Activity、Android UI 开发、数据存储、SQLite 数据库、网络访问和 JSON 解析等技术。

NetMarketShare 在 2018 年 8 月~2019 年 7 月的统计数据显示,Android 和 iOS 已占据手机系统 98% 以上的市场份额,但二者的开发技术完全不同,很多企业面临对 2 个平台开发相同功能 APP 的问题,为此,出现了诸多跨平台的移动应用开发技术,如基于原生应用(Native APP)的移动开发技术、基于 HTML5 的移动开发技术、基于 HTML5 的混合移动开发技术(Hybrid APP)、基于 JavaScript 的 Native 开发技术以及寄生模式等,移动应用开发技术的选型也是多因素权衡的一个过程[1],这也是需要我们继续探究的问题之一。

---

[1] 史兆彦,李翔. 移动应用开发技术选型策略[J]. 上海船舶运输科学研究所学报,2018,41(4):66-71.

参考文献

[1] 俞海.ORACLE/MYSQL数据库比较应用教学法综述[J].电脑知识与技术,2017:13(33):1-3.

[2] 薛颂.基于混合模式的跨平台移动校园系统的研究与实现[D].舟山:浙江海洋大学,2017:5.

[3] 李刚.Java数据库技术详解[M].北京:化学工业出版社,2010.

[4] 黑马程序员.Java Web程序设计任务教程[M].北京:人民邮电出版社,2017.

[5] 黑马程序员.Java EE企业级应用开发教程(Spring + SpringMVC + MyBatis)[M].北京:人民邮电出版社,2019.

[6] 武汉美斯坦福信息技术有限公司.使用JQuery EasyUI提升客户体验[M].武汉:中国地质大学出版社,2018.

[7] Lynn Beighley.Head First SQL[M].南京:东南大学出版社,2008.

[8] Kathy Sierra,Bert Bates.Head First Java[M].北京:中国电力出版社,2015.

[9] CSDN.数据库CSDN[EB/OL].https://blog.csdn.net/nav/db.

[10] W3school.W3school[EB/OL].https://www.w3school.com.cn/.

[11] runoob.菜鸟教程[EB/OL].https://www.runoob.com/.

[12] MVNRepository.MVNRepository[DB/OL].https://mvnrepository.com/.

[13] easyicon.精美图标[EB/OL].https://www.easyicon.net/.

[14] Oracle.JavaSE 文档[EB/OL].https://www.oracle.com/technetwork/cn/java/javase/documentation/api-jsp-136079-zhs.html.

[15] Android Developers.Android 中文 API[EB/OL].https://www.android-doc.com/sdk/.

[16] EasyUI.EasyUI中文站[EB/OL].http://www.92ui.net/.

[17] GitHub.GitHub的中文社区[EB/OL].https://www.githubs.cn.